우주를 정복하는 딱 10가지 지식

모험을 꿈꾸는 유쾌한 지구인들을 위하여

우주를 정복하는 딱 10가지 지식

베키 스메서스트 Dr. Becky Smethurst 지음
송근아 옮김 지웅배 감수

미래의창

일러두기

- 천문 용어는 한국천문학회의 사전을 참조했다.
- 외국어 표기는 국립국어원의 외래어 표기법을 따랐다.
  다만 일부는 관용적 표기를 따랐다.

이 책을 손에 들고 펼쳐볼 만큼
호기심이 넘치는 당신에게 이 책을 바칩니다.
아, 제게 회계사는 되지 말라고
단호하게 조언해주신 아버지께도요.

들어가며

✧

과학의 놀라운 점은 아무도 정답을 모른다는 것이다. 하지만 어린 시절 우리가 과학을 배울 때는 누구도 이를 가르쳐 주지 않았다. 교실에서는 늘 똑같고 어려운, 그동안 이해되어왔던 방식대로 과학 이론을 배운다. 다행히도, 교실 밖 현실은 훨씬 창의적이다. 과학자가 되는 것은 끊임없이 바뀌는 그림 퍼즐을 맞추는 것과 같다. 심지어 도안도 보지 않은 채 말이다. 오늘날 우리가 이해하는 과학의 그림들은 수십 년, 많게는 수세기에 걸쳐 수많은 사람들의 연구들이 쌓여서 만들어졌다. 그 결과 과학의 어떤 분야들에는 더 이상 이상한 부분이 남아 있지 않다. 하지만 또 어떤 분야들에는 아직 그 전체 그림을 알 수 있는 도구나 공식, 데이터를 발견하지 못해 거대한 구멍이 나 있기도 하다.

과학은 아직 아무도 정답을 알지 못하는 문제를 제기하는 것이다. 이때 이전에 설명되지 않은 이론을 구축하기 위해 수집한 증거와 사실에 기초하여 그 문제에 '정답'이 있다는 것을 다른 사람들에게 납득시키는 것이 매우 중요하다. 이론이 더 심층적으로 연구되고 그 과정에서 그동안 미처 몰랐던 더 많은 증거들이 밝혀지면 그 영향이 부메랑처럼 돌아와 과학을 더욱 빠르게 발전시킨다.

그러므로 내가 이 책에 간추려 담은 이론과 사실들을 '우주에 대해 알아야 할 10가지'라고 소개한 것에 오해의 여지가 있을지도 모르겠다. 이 책의 내용들은 이제 연구가 성공적으로 끝나 모든 것을 알아냈다고 여겨지는 것들이지만, 50년 후에는 어떻게 바뀔지 누가 알겠는가? 어쩌면 암흑물질에 대한 현재의 이론을 보고 미래 세대들이 비웃을지도 모를 일이다. 이는 한때 인류가 우주의 중심에 지구가 있다거나 원자는 분열될 수 없다고 믿었던 것을 오늘날 우리가 믿지 않는 것과 같다. 그러나 그렇다고 해서 지금 우리가 얻어낸 지식들과 그것이 보여주는 이 세상의 경이로움을 소중히 할 필요가 없다는 것은 아니다.

이 책의 각 장에서는 우주에 있는 이상하고 멋진 요소들을 이해하는 데 있어 현시점에 가장 인정받는 이론들을 설명하고, 그 이론이 진화해온 배경과 그 속의 본질들을 다룬다. 지금부터 여러분은 이 책과 함께 우주를 여행하게 될 것이다. 빅뱅의 시작부터 암흑물질의 용해성, 그리고 우리가 사는 지구 밖에 다른 생명체가 존재하는지에 대한 깊은 고찰까지 찬찬히 들여다볼 예정이다. 만약 블랙홀에 대해 읽을 때 더 오래 생각에 잠기게 된다면, 그것이 바로 여러분이 진심으로 원하고 궁금해하는 것이기 때문이다. 나는 그간 옥스퍼드대학의 천체물리학 연구실 책상에서 시도했던 과학의 퍼즐 맞추기를 통해 그런 궁금증들이 우주의 신비를 이해하는 데 어떤 도움을 주는지 경험했다.

이 책을 다 읽는다고 해도 여전히 우리에게는 알아내지 못한 숙제들이 남아 있을 것이다. 우리는 우리가 완전하거나 정확한 답을 얻었는지 결코 확신할 수 없을 것이다. 하지만 천문학자로서, 그리고 과학자로서 이렇게 질문을 던지고 답을 찾아가는 과정은 우리가 지식의 경계를 넓혀가면서 우주와 그 안에서 살아가는 우리의 존재에 대한 더 고차원의 그림을 발견해내는 흥미로운 탐구다. 이 책이 여러분에게 아직 완성되지 않은 걸작의 일면을 짧게나마 경험해보는 기회가 되길 바란다.

차례

첫 번째 지식

중력이
중요한 이유

우리가 사는 지구가 속한 은하인 우리은하에서 태양은 수천억 개가 넘는 별들 중 하나에 불과하다. 우리은하는 가스와 먼지, 수많은 별들로 이루어져 있고 지름이 수백만조 킬로미터에 이른다. 그리고 그 중심에는 태양의 질량보다 400만 배 이상 무거운 블랙홀이 자리 잡고 있다. 이 초대질량 블랙홀supermassive black hole은 태양계 중앙에 있는 태양처럼 우리은하 한가운데에서 강력한 중력으로 은하 전체를 움직인다.

수세기 전 아이작 뉴턴이 발견한 중력의 법칙에 의하면 두 물체는 각자의 질량에 비례하는 힘으로 상대를 끌어당기며, 상대적으로 더 무거운 물체가 그만큼 큰 힘으로 더 가벼운 물체를 잡아당긴다. 중력은 두 물체 사이의 거리와도 관련이 있는데, 간격이 두 배 멀어지면 서로를 잡아당기는 힘은 4분의 1로 약해진다. 이 법칙은 우주 내에 있는

두 물체라면 무엇에든 적용된다. 우리와 우리 발 아래에 있는 지구를 포함해서 말이다.✦

태초에 혼돈 상태였던 우주는 중력으로 인해 질서를 찾았다. 그 결과 중 하나가 바로 태양계의 탄생이다. 태양이 만들어지기 전, 그 자리에는 예전 항성들이 남기고 간 수소, 탄소, 철 등의 무거운 원소들이 수소와 헬륨으로 구성된 거대한 구름과 함께 뒤섞여 있었다. 이 구름 속 각각의 원소들이 지닌 원자들이 서로 한데 엉키면서 원반 형태의 소용돌이가 일어났다. 아주 작고 가볍긴 해도 원자들 역시 고유의 질량을 가지고 있기 때문에 중력의 법칙을 따라 서로를 끌어당겼다. 그렇게 입자들이 뭉쳐져 덩어리를 이루기 시작했고, 그중 가장 큰 덩어리가 다른 덩어리를 끌어당기면서 덩치가 계속 커져갔다. 결국 이 덩어리의 중력은 주변을

✦ 지구는 몸무게에 따라 500~1,000뉴턴(두 물체가 끌어당기는 힘의 세기. 1뉴턴은 무게가 1킬로그램인 물체에 초속 1미터의 가속도가 생기도록 만드는 힘이다-옮긴이) 정도의 중력으로 우리를 끌어당기고 있다. 뉴턴의 세기를 가늠하기 위해 예를 들어보자면, 일반 사람이 이로 무는 힘은 700뉴턴이고 백상아리가 무는 힘은 무려 18,000뉴턴에 이른다!

빠른 속도로 돌아다니는 입자들의 운동에너지를 떨어뜨려 그 입자들을 붙잡을 수 있을 만큼 강력해졌다. 그러자 중력 붕괴gravitational collapse가 일어났다. 중력이 강해짐에 따라 이 거대한 가스 덩어리가 빠르게 수축하면서 밀도가 굉장히 높아져 내부의 압력이 상승했고, 그로 인해 엄청난 열이 발생하며 수소 핵융합이 촉발된 것이다. 그리고 마침내, '우리의' 태양이 탄생했다.

수소 핵융합이란 태양과 같은 항성 내부에서 수소 원자 4개가 만나 헬륨 원자 하나로 변하면서 에너지를 방출하는 현상이다. 이 과정 덕분에 우리가 밤하늘에서 반짝이는 별들을 볼 수 있는 것이다. 즉, 한때 원반 모양이었던 가스 구름이 사방에 가득했던 원자들과 함께 뜨거운 원시성protostar(중력에 의한 수축으로 별이 생성되는 과정 중 초기 단계에 존재하는 천체로, 원시별이라고도 한다)이 되는 것은 모두 중력 때문이다.

끊임없이 회전운동을 했던 가스 구름의 흔적은 별이 된 후에도 남아 있다. 바로 회전 에너지다. 각운동량이라 불리는 이 에너지는 이전 세대의 별들에게서 전해져 내려오는 과거의 유훈과도 같다. 어쩌면 우주가 탄생한 후 가장 먼저 태어난, 첫 번째 세대 별들에게서부터 이어져온 것일지도 모른다. 처음에 가스 구름이 특정 방향으로 회전하면서 중력으로 인해 입자 덩어리들이 형성됐고, 그들 역시 동일한 회전성을 가지게 됐다. 그래서 원시 태양도 회전하게 된 것이다.

잠시 피자를 만드는 요리사의 모습을 떠올려보자. 공 모양의 도우 반죽 덩어리를 요리사가 머리 위로 들어 빙글빙글 돌리면 뭉쳐져 있던 반죽이 접시나 원반 모양으로 평평하게 펴지기 시작한다. 이와 같은 일이 초창기 태양 주변의 잔여 가스 구름에도 일어났다. 태양과 함께 회전하면서 점점 납작해지는 것이다. 이렇게 만들어진 원시 태양 주변의 원반들 속 입자들도 쉬지 않고 서로를 끌어당겼다. 중력으로 뭉쳐진 이 덩어리들이 태양 주변을 맴도는 원시행성proto-planet이 되며 모두 같은 방향으로 궤도를 도는, 아주 아름답게 정렬된 행성들(혜성과 소행성, 그 밖의 운석 덩어리들까지)을 만들어냈다. 학계에서는 태양을 포함한 모든 항성(핵융합반응으로 스스로 빛을 내는 천체)들이 이러한 과정을 거쳐 만들어졌다고 보고 있다.

각운동량이라 불리는
이 에너지는 이전 세대의 별들에게서
전해져 내려오는 과거의 유훈과도 같다.
어쩌면 우주가 탄생한 후 가장 먼저 태어난,
첫 번째 세대 별들에게서부터
이어져온 것일지도 모른다.

지구와 달의 관계에도 동일한 해석이 적용된다. 지구의 공전과 자전 방향이 같은 것은 지구를 구성하고 있는 미세한 입자들이 먼 옛날 항성이었을 때부터 갖고 있었던 각운동량을 지닌 채 지구가 됐기 때문이다. 달이 지구가 자전하는 방향과 같은 방향으로 지구 주위를 도는 이유 역시 비슷하다.

다만 회전 방향 외에는 지구와 달 사이의 유사점을 찾기가 어렵다. 달의 속성은 특이하다. 달이 한 바퀴 자전하는 데 걸리는 시간(지구로 치면 하루)과 지구를 한 바퀴 공전하는 데 걸리는 시간(지구로 치면 1년)은 28일로 똑같다. 만약 지구가 달과 같은 방식으로 회전했다면 지구의 반쪽은 1년 내내 낮이고 나머지 반쪽은 항상 밤이었을 것이다. 태양을 한 바퀴 공전하는 동안 자전도 한 바퀴만 하므로 태양을 향한 부분이 늘 같기 때문이다. 우리가 달의 앞면만 볼 수 있고 뒷면은 절대로 보지 못하는 걸 생각하면 이해하기 쉬울 것이다. 그렇다고 해서 우리가 보지 못하는 달의 반대편이 늘 어둡지는 않다. 달에 빛을 비춰주는 것은 지구가 아닌 태양이고, 덕분에 우리는 달의 위상 변화를 볼 수 있다. 달과 태양이 지구를 사이에 두고 서로 반대 방향에 위치하면 달의 앞면이 태양 빛에 완전히 반사되어 보름달로 보인다. 달이 지구와 태양 사이에 위치할 때는 태양이 달의 뒷면을 비추기 때문에 그믐달이나 초승달을 보게 된다.

달이 지구를 한 바퀴 공전하는 데 28일이 걸린다면 태양이 달의 그림자에 완벽히 가려지는 개기일식도 28일마다 일어나야 하는 것 아닐까? 하지만 실제로는 그렇지 않은데, 그 이유는 달의 공전궤도에 있다. 달이 공전하면서 태양과 지구 사이를 지나긴 하지만 태양 주위를 도는 지구와 같은 궤도를 도는 것이 아니기 때문이다. 달의 지구 공전궤도는 지구의 태양 공전궤도와 일치하지 않고 5도가량 기울어져 있다. 그래서 달이 태양과 지구 사이를 지날 때 세 천체의 위치가 정확히 일직선을 이루는 경우가 드물다. 보통 태양의 아래쪽이나 위쪽을 지나는데, 이때 지구에서는 달이 초승달 모양으로 보이는 것이다.

지구-달 시스템의 이러한 모든 특성들은 우연처럼 보일 수도 있지만, 달이 어떻게 형성됐는지 밝히는 데 도움을 주었다. 여러분 중에는 달이 지구와 같은 방식으로 탄생했을 것이라 생각하는 사람이 있을지도 모르겠다. 지구가 만들어지는 과정에서 지구의 덩어리에 합류하지 못한 조

각들이 모여 달이 됐을 거라고 말이다. 하지만 달의 탄생에 관한 가설들 중 학계에서 가장 인정받고 있는 이야기는 그보다 훨씬 극적이다. 이른바 '거대충돌설Giant Impact Hypothesis'이라고 불리는 이 가설의 내용은 다음과 같다. 태양계 탄생 초기에 태양 주위를 돌던 원시행성 하나와 원시 지구가 충돌했다. 그로 인해 엄청난 폭발 에너지가 발생하면서 원시 행성은 산산조각이 났고 지구도 반 토막이 됐으며, 그 잔여물들은 우주 밖으로 날아가버렸다. 이후 지구는 계속 회전 운동을 하면서 안정을 되찾아갔으나, 지구의 중력권 밖으로 탈출하지 못한 잔여물은 지구의 중력이 만든 원반 위에 머물렀다. 시간이 흘러 이 잔여물들이 하나의 덩어리로 뭉쳐져 현재의 달이 됐다.

이 가설은 지구 자전축이 기울어진 이유도 설명해준다. 당시 어마어마한 충돌 과정에서 지구가 옆쪽으로 밀려나는 바람에 회전축이 약 23도, 마치 강아지가 귀엽게 고개를 갸우뚱하듯 살짝 기울어지게 된 것이다. 그 결과 지구가 태양을 한 바퀴 공전하는 1년 가운데 남극이 태양을 향할 때는 남반구가 여름이 되고, 6개월 후에는 반대로 북반구가 여름이 된다. 이는 지구에 계절이 존재하게 된 원인이기도 하다. 지구가 기울어져 있기 때문에 우리는 태양을 향하는 쪽의 지역에 있을 때 그 반대편 지역에 있을 때보다 더 뜨거운 계절을 경험하게 된다.

간단한 물리법칙 하나로 그 복잡했던 혼돈 상태를 질서정연하고 평온하게 정돈할 수 있다니 정말 놀라운 일이다. 사과를 나무에서 떨어뜨리고, 우리를 땅 위에 서 있게 만들고, 계절까지 변화시키는 중력의 법칙은 우리은하와 태양계의 모든 존재에 영향을 끼친다. 나아가 우리은하 너머의 더 광활한 우주에 존재하는 온갖 형태와 크기의 별들에서도 중력의 영향력을 목격할 수 있다. 그 별들은 수소 원자 가스로 이루어져 있던 거대하고 혼잡한 구름이 중력으로 인해 체계적이고 아름다운 나선형 구조물로 탈바꿈한 결과물이기 때문이다.

그러나 중력 덕분에 아름다운 별들의 섬이 된 우리은하는 중력 때문에 파괴될 수도 있다. 대부분 은하들은 홀로 존재하지 않고 중력으로 뭉쳐져 집단을 이룬다. 우리은하는 국부은하군(우리은하를 비롯해 안드로메다은하, 마젤란은하 등 30여 개의 은하들로 구성된 은하 집단-옮긴이)에 속해 있다. 국부은하군 내에서 가장 거대한 우리은하와 안드로메다은하는 서로를 끌어당기고 있으며, 40억 년쯤 지나면 결국 충돌할 것으로 예상된다. 그렇게 되면 두 은하 사이의 엄청난 중력이 은하들을 완전히 부수고 그 안에 있는 항성들의 궤도를 모조리 망가뜨릴 것이다. 무너져버린 질서는 충돌의 잔해들이 다시 거대한 군집을 이루어 밀코메다Milkomeda✦라는 하나의 은하를 형성하고 나서야 안정을 되찾을 것으로 보인다.

미래에 벌어질 이 사건은 열역학 제2법칙이라는 또 다른 물리법칙의 한 사례이기도 하다. 이 법칙에 의하면, 고립계isolated system에서는 시간이 지나도 엔트로피entropy가 절대로 줄어들지 않는다. 엔트로피란 무질서한 정도를 측정하는 척도로, 고립계 속의 입자들이 얼마나 무작위로 움직이는지를 나타낸다. 엄청난 크기의 고립계인 우주는 시간이 흐를수록 더 무질서해질 수밖에 없는 운명인 셈이다. 게

✦ 우리은하를 가리키는 '밀키 웨이Milky Way'와 '안드로메다Andromeda'를 합친 것으로, 먼 미래에 우리은하와 안드로메다은하가 충돌 후 병합됐을 때 만들어질 거대한 타원은하의 이름이다.

다가 우리 태양의 수명은 앞으로 40억 년에서 50억 년 정도 남은 것으로 예측되고 있다. 핵융합에 쓸 연료가 고갈된 태양은 적색거성red giant star을 거쳐 백색왜성white dwar✦✦으로 변하는데, 그 과정에서 태양계의 행성들을 집어삼키고 그 안에 있던 모든 물질들을 또 하나의 혼잡한 가스 구름 속으로 몰아넣을 것이다. 궁극적으로 우리은하에 있던 별들은 모두 밀코메다라는 새롭고 거대한 은하의 한가운데를 중심으로 무질서하게 만들어진 궤도를 따라 돌게 될 것이다. 이것이 바로 우주에 있는 모든 존재의 운명이다. 물리법칙들은 질서를 만들지만, 그 질서는 필연적으로 다시 혼돈에 빠진다.

✦✦ 별은 탄생 후 여러 진화 단계를 거치는데 그 과정은 초기 질량에 따라 다르다. 적색거성은 중심핵의 수소 연소가 끝난 상태로, 표면 온도가 낮고 붉은 빛을 낸다. 항성진화의 마지막 단계인 백색왜성은 밀도가 매우 높은 청백색의 별로, 더 이상 핵융합을 할 수 없다.

두 번째 지식

처음에는 아무것도 없었다

✦

인간의 두뇌로는 '아무것도 없는' 상태를 제대로 이해할 수 없다. 그것이 무슨 뜻인지 생각하는 즉시 우리의 뇌는 뭔가 '있는' 상태로 바뀌어버린다. 따라서 '빅뱅(대폭발)✦이 발생하기 이전에는 아무것도 없었다'고 이야기하더라도 우리는 그 의미를 정확히 알기 어렵다. 빅뱅이라는 사건 없이는 '이전'이라는 개념도 없다. 시간이 빅뱅과 함께 생겨났기 때문이다. 빅뱅 이전에는 우주 자체가 없었다. 애초에 '존재하지 않는 곳'에 무언가가 있을 리가 없지 않은가! 그러니 아무것도 없었던 것은 당연한 일이다. 우주의 모든 에너지와 물질들은 빅뱅을 통해 생겨났으며, 그 사이에서 인

✦ '대폭발설'이라고도 부르는 빅뱅 이론은 현존하는 우주기원론 중 가장 유력한 것으로, 지금으로부터 약 138억 년 전 우주를 이루는 모든 물질이 한 점에 모여 있다가 순간적으로 엄청난 폭발이 일어나 우주가 생성됐다고 설명한다.

간인 우리는 아주 작은 에너지 주머니 정도에 불과했다. 열역학 제1법칙(어떤 에너지가 다른 에너지로 전환될 때 전환 전후의 에너지 총합은 항상 일정하다는 법칙으로, 에너지보존법칙이라고도 한다-옮긴이)에 의하면 에너지는 새로 생기거나 사라질 수 없으므로 우리가 사용하는 모든 에너지는 빅뱅이 일어났을 때 발생한 것이다. 우리가 필요할 때마다 찾아가서 흔들면 에너지 열매를 떨어뜨려주는 나무 같은 것은 상상 속에나 존재한다.

빅뱅이 일어났었다는 것을 처음으로 밝혀낸 이야기는 천문학의 역사에서 내가 제일 좋아하는 대목들 중 하나다. 그 전까지 우리가 아는 가장 먼 별은 지구로부터 약 10만 광년 거리에 있는 것이었다(우리은하의 지름이 약 10만 광년이다). 그런데 이 발견으로 인해 우주가 밤새 그 크기를 더욱 키워가며 수십억 개의 별 무리들을 모두 품 안에 담아내고 있다는 사실을 알게 됐다. 내가 인류의 세계관이 완전히 달라진 그 당시에 살았더라면 무척 좋았을 것 같다. 그 변화는 아마도 500년 전 유럽의 탐험가들이 아메리카 대륙을 처음 발견한 순간 그들이 알고 있던 세계가 순식간에 확장된 것과 비슷할 것이다. 물론 우주의 크기는 상상하기 어

빅뱅 이전에는 우주 자체가 없었다.
애초에 '존재하지 않는 곳'에
무언가가 있을 리가 없지 않은가!
그러니 아무것도 없었던 것은 당연한 일이다.
우주의 모든 에너지와 물질들은
빅뱅을 통해 생겨났으며,
그 사이에서 인간인 우리는 아주 작은
에너지 주머니 정도에 불과했다.

려울 만큼 거대하지만 말이다. 현대에 사는 우리의 두뇌로도 우주의 규모를 정확히 이해하기란 쉽지 않다.

여기서 한 가지 먼저 짚고 넘어가야 할 것이 있다. 실제의 빅뱅은 그 이름처럼 크지도, 폭발하지도 않았다는 사실이다. 빅뱅이라는 명칭은 1920년대에 팽창우주론이 처음 제기된 후 이 이론을 지지하지 않는 사람들이 조롱의 의미로 만든 것이었으며, 훗날 천문학자들은 이 명칭 때문에 골머리를 앓아야 했다.

팽창우주론은 1929년✦ 에드윈 허블이라는 한 청년에 의해 탄생됐다(천문학자 할로 섀플리와 히버 커티스, 에른스트 외픽이 앞서 진행한 연구를 바탕으로 얻은 결과였다). 허블은 어린 시절 대부분의 시간을 운동에 쏟아붓고 대학에서는 법학을 공부했으나 천문학에 대한 관심을 꾸준히 가지고 있었다. 하지만 그렇다고 해도 자신이 굉장한 천문학적 업적을 남기게 될 것이라고는 예상하지 못했을 것이다. 변호사가 된

✦ 프랑스의 천문학자 조르주 르메트르가 먼저 이론적으로 예측하여 허블보다 2년 앞선 1927년에 프랑스 학술지를 통해 발표했으나 이 사실은 20세기 내내 알려지지 않았다. 르메트르의 업적은 최근에 와서야 널리 인정받기 시작했다.

뒤에도 천문학을 향한 열정이 계속 커져가자 그는 본격적으로 천문학 공부에 나섰다. 시카고대학 소속 여키스 천문대에서 천체관측에 몰두하며 박사 학위를 받았고, 이후 캘리포니아의 윌슨산 천문대에서 '나선성운spiral nebula'을 연구했다. 당시에는 하늘에서 관측되기는 하지만 항성이라고 명확하게 말하기 힘든 것들을 아울러 그저 '성운'이라 불렀다. 우리은하 내의 항성 생성 지역부터 초신성++이 된 항성 잔해물, 그리고 수십억 개의 별들로 구성된(그때는 몰랐겠지만) 은하들까지 모조리 가스와 먼지들로 이루어진 성운에 포함시켜버린 것이다.

아무튼 허블은 이 나선성운들까지의 거리를 알아내고자 노력했는데, 이때 밝기가 변화하고 진동하는 별들을 이용했다. 이 별들을 '세페이드 변광성Cepheid variable'이라 부른다. 20세기 초, 세페이드 변광성을 심도 깊게 연구한 미국의 천문학자 헨리에타 레빗은 '레빗 법칙the Leavitt Law'을

++ 별은 에너지 연료(수소 가스)가 소진되면 자체 중력으로 인해 내부 붕괴를 일으킨다. 이때 엄청난 폭발 속에서 가스로 이뤄진 별의 외층이 핵에 부딪히고 바깥 방향으로 튕겨져 흩어진다.

통해 별의 밝기가 변화하는 주기와 그 밝기의 상관관계를 설명했다.✦ 그에 따르면 별은 변광하는 주기가 길수록 더 밝게 빛난다.

나선성운 속에서 변광성을 찾아낸 허블은 그 별이 얼마나 밝은지 계산하기 위해 그 진동 주기를 알아내야 했다. 별의 밝기를 알면 얼마나 멀리 있는지도 알 수 있기 때문이다. 우리가 밤에 길을 건널 때 멀리 떨어진 자동차의 헤드라이트 밝기를 보고 그 거리를 예측하는 것과 같은 원리다. 이러한 연구를 거쳐 그는 나선성운 속 세페이드 변광성들이 기존에 예상했던 것보다 더 먼 곳에 있다는 사실을 밝혀냈다. 그 거리는 우리은하의 크기를 뛰어넘었고, 이는 곧 이 '나선성운'이 우리은하만큼이나 크다는 것을 의미했다. 그렇다. 허블은 우리은하 밖에 있는 또 다른 은하를 관측하고 있었던 것이다. 천문학 역사상 이만큼 엄청난 충격을 가져다준 관측 결과는 없었다. 이 연구로 허블은 수많은

✦ 슬프게도 레빗은 살아생전에 큰 명성을 얻지 못했고, 허블이 우주가 팽창한다는 사실을 증명하기 위해 자신의 법칙을 사용하는 모습도 보지 못했다. 오늘날 우주의 모든 거리는 기본적으로 세페이드 변광성과의 거리에 맞춰 측정된다. 우주의 크기가 레빗 법칙에 달려 있는 셈이다.

천문학 연구들이 새롭게 시작되는 길을 단번에 열어주었고, 우주 속 공간에 대한 우리의 시각을 바꿔놓았다.

허블은 여기서 멈추지 않고 각 외부은하의 스펙트럼까지 관찰했다. 스펙트럼은 빛을 파장에 따라 나눠 배열한 것으로, 빛을 프리즘에 통과시키면 나타나는 무지갯빛 띠를 통해 간단히 확인할 수 있다. 만일 여러분 머릿속에 영국 록그룹 핑크 플로이드의 〈더 다크 사이드 오브 더 문〉 앨범 재킷 이미지(직선의 빛이 프리즘을 통과해 무지개색으로 바뀌는 것을 표현했다-옮긴이)가 떠올랐다면 제대로 이해한 것이 맞다. 원자마다 방출하는 빛의 파장이 다르기 때문에 각 원자가 내는 빛의 색깔은 양자역학적 지문과도 같다. 허블은 은하를 관측하며 얻은 빛의 파장들이 모두 스펙트럼의 빨간색 쪽으로 이동한다는 사실을 발견했다. 이것은 이 은하들이 지구에서 멀어지는 방향으로 움직이고 있다는 뜻이다. 게다가 허블은 지구에서 더 먼 곳에 있는 은하일수록 더욱 빠른 속도로 멀어진다는 것도 알아냈다. 우주의 모든 것들이 이전보다 멀어지고 있다는 말을 뒤집어 생각해보면, 과거에는 서로 더 가까이 있었다는 말이 된다. 시간을 계속 뒤로 감아보자. 그러면 우주의 모든 물질과 에너지가 점점 더 가까워져 결국 하나의 점에 모일 것이다. 이것이 바로 빅뱅 이론의 시초다.

우주가 팽창한다는 개념은 대부분의 사람들을 혼란스럽게 만든다. 특히 우리 지구인들로 하여금 왜곡된 자기중심적 관점을 갖게 한다. '우주의 모든 것들이 우리에게서 멀어지고 있다고? 그럼 우리가 우주의 중심에 있는 게 아닐까?'라고 말이다. 안타깝게도, 그렇지 않다. 이는 잘못된 관점으로 인해 생기는 문제다. 여러분이 고무밴드로 실뜨기 놀이를 하고 있다고 가정해보자. 양손에 밴드를 느슨하게 감았다가 두 손을 벌려 팽팽하게 만든 다음, 솜씨 좋게 손을 놀려 여러 가지 모양을 선보인다. 그러면서 여러분의 손을 내려다보면 두 손을 벌릴 때 밴드의 양쪽 끝이 모두 바깥 방향으로 뻗어가듯 움직인다는 것을 알 수 있다. 그런데 아주 자그마한 관찰자가 여러분의 왼손에 붙어서 이 상황을 지켜보고 있다고 상상해보자. 이 관찰자는 여러분의 오른손이 왼손에서 멀어지는 것은 볼 수 있지만 왼손, 즉 자신이 움직이는 것은 느끼지 못한다. 지구가 자전하는 동시에 태양 주위를 공전하는 것을 우리가 느끼지 못하는 것처럼 말이다. 마찬가지로 여러분의 오른손에 붙어 있는 작은 관찰자 또한 자신은 가만히 있고 왼손이 멀어진다고만 생각할 것이다.

생각해본 적 없는 완전히 새로운 개념을 이해할 때는 이렇게 비유를 들어보면 도움이 된다. 실뜨기 놀이를 하는 동안 손의 움직임에 따라 밴드 안쪽의 공간이 넓어지기도 하고 좁아지기도 한다. 하지만 이때 고무밴드를 덧대거나 잘라내는 것이 아니다. 처음 주어졌던 고무밴드가 늘어나거나 줄어들 뿐이다. 우주도 이와 유사하다. 은하들이 스스로 움직이는 것이 아니라 우주 자체가 팽창하고 있다. 여기서 중요한 것은 최초의 공간이 커지는 것이지 새로운 공간이 창조되는 게 아니라는 사실이다. 오늘날 우리는 138억 년 전에 빅뱅이 일어나며 만들어진 공간을 그대로 사용하고 있는 것이다.

과거에서 눈을 돌려 미래도 생각해보자. 앞으로 벌어질 일을 상상해보는 일은 꽤 흥미진진하지만, 애석하게도 우주의 미래는 할리우드 SF 영화 속 이야기처럼 그리 멋지지만은 않다. 우주의 미래에 관한 가설로는 크게 세 가지가 있다. 첫 번째는 열린 우주open universe설로, 우주가 계속 팽창해서 세상이 텅 빈 것처럼 보일 정도로 은하와 별들 사이의 거리가 어마어마하게 벌어진다는 내용이다. 두 번째인 평탄 우주flat universe설은 그에 비해 조금 다행스러운 가설이다. '골디락스 우주Goldilocks universe'라고도 부르는 평탄 우주에서는 안쪽으로 잡아당기는 중력의 힘과 바깥쪽으로 뻗어나가는 팽창의 힘이 평형을 이룬다. 세 번째 닫힌 우주close universe설은 가장 비극적이라고 할 수 있다. 팽창하는 힘과의 전쟁에서 승리를 거둔 중력이 우주의 모든 에너지를 한 점으로 몰아넣어 '빅 크런치Big Crunch', 즉 '우주 대수축' 상태로 만들어버리기 때문이다. 어쩌면 지금껏 우주는 대폭발과 대수축을 끊임없이 되풀이해왔을지도 모른다. 가끔 우리 지구인들처럼 우주에서 벌어지는 이 영원하고 반복적인 순환을 추측할 만큼 지적인 생명체들을 탄생시키기도 하면서 말이다.

은하들이 스스로 움직이는 것이 아니라
우주 자체가 팽창하고 있다.
여기서 중요한 것은 최초의 공간이
커지는 것이지 새로운 공간이
창조되는 게 아니라는 사실이다.
오늘날 우리는 138억 년 전에
빅뱅이 일어나며 만들어진 공간을
그대로 사용하고 있는 것이다.

세 번째 지식

간단하게 정리해보는 블랙홀의 역사

✶

블랙홀은 빛도 탈출하지 못할 만큼 중력이 강하게 압축되어 있는 천체다. 즉, 빛보다 훨씬 빠른 속도로 이동할 수 있어야만 블랙홀의 중력에서 탈출할 수 있다. 이 말을 정확하게 알기 위해서는 뉴턴이 생각한 방식과는 조금 다른 각도로 중력을 이해해야 하는데, 이 분야는 아인슈타인의 일반상대성이론general theory of relativity이 장악하고 있다. 아인슈타인은 우주 어디서든 천체가 그 주변의 시공간✦을 휘어지게 만든다고 말했다. 2차원 그림으로 상상해보자면 축구공 하나를 트램펄린 정중앙에 올려놓은 모습과 비슷하다. 축구

✦ 시공간이란 물리학계에서 자주 사용되는 용어로, 공간의 세 가지 차원(앞뒤, 좌우, 위아래)과 시간의 차원을 하나로 묶은 개념이다. 아인슈타인은 우리가 빠른 속도로 움직일수록 시간이 느려진다는 사실을 깨닫고 시간과 공간을 통합시켰다. 이것이 바로 특수상대성이론special theory of relativity이며, 일반상대성이론과는 다르다.

공의 무게 때문에 평평했던 트램펄린의 중앙이 아래로 처지면서 오목해진다. 작은 탁구공 하나를 이 트램펄린에 올려놓으면 그 탁구공은 축구공 때문에 오목해진 면을 따라 굴러 내려갈 것이다. 이것이 아인슈타인이 설명하는 중력이다. 이 비유를 우주에 적용하자면 트램펄린을 우주 자체로, 축구공을 태양으로, 탁구공을 항성 주위의 휘어진 공간에 갇혀 움직이는 행성들로 바꿔 생각하면 된다.

그렇다면 이제, 우주 공간을 완전히 휘게 만드는 블랙홀을 떠올려보자. 2차원 그림으로 생각해보면 우주 표면에 매우 심하게 휘어져 들어가 아예 수직선이 되어버리는 지점이 생길 것이다. 이 지점을 블랙홀의 '사건의 지평선Event Horizon(블랙홀에서 절대 탈출할 수 없는 시공간의 경계면-옮긴이)'이라고 부른다. 우주선이든 탁구공이든 혹은 미세한 광자photon든, 어떤 물체든 간에 우주라는 거대한 트램펄린 위에 생긴 이 경계면을 지나면 절대로 되돌아 나올 수 없다.

우주의 시공간이 최대로 휘어진 이 지점을 공식 용어로는 '특이점singularity'이라고 하는데, 엄청난 질량이 극도로 비좁은 우주 공간에 압축될 경우에 생긴다. 20세기 초반 내내 과학자들은 이 특이점이라는 개념을 혐오하다시피 했다. 수학적으로 이해하기가 어려웠기 때문이다. 특이점이란 0으로 나눈다는 의미이며, 한계가 없다는 뜻이기도 하다.✦ 수학적 설명이 뒷받침되어야 하는 문제가 남아 있긴 했지만, 1960년대에 이르러 스티븐 호킹과 로저 펜로즈가 마침내 기존의 물리법칙만으로도 특이점의 존재를 예측할 수 있다는 연구 결과를 발표했다.

하지만 당시는 조슬린 벨 버넬이 중성자별(빠르게 자전하는 중성자별을 '펄서pulsar'라고 부르며, 펄서는 전파를 방출한다)을 발견하기 전이었으므로 블랙홀은 여전히 이론적인 존재에 불과했다. 버넬이 세계 최초로 펄서를 발견한 1967년 이전의 천문학자들은 천체의 물리적 질량에 한계가 있다고 여겼다. 그리고 백색왜성(육중한 중력에 의해 짓눌린 전자들이 서로를 밀어내는 축퇴 압력degeneracy pressure으로 버티면서 단단하게 뭉쳐 있는 상태의 별)이 그 최대 질량을 넘어서면 내부 붕괴를 일으켜 중성자별(역시 강한 중력에 짓눌린 중성자들이 축퇴 압력

✦ 이것이 바로 2004년에 개봉된 영화 〈퀸카로 살아남는 법Mean Girls〉에서 주인공 케이디가 수학 경시대회에서 맞혀 우승을 차지하게 된 마지막 문제의 정답이다.

으로 버티며 단단하게 뭉쳐 있는 상태의 별)이 된다고 보았다. 하지만 이때의 중성자별은 이론적으로만 가능한 존재였고 실제로 발견되기 전까지는 중성자별이 정말 있을 거라고 생각하는 사람은 아무도 없었다. 그럼 중성자별이 진짜 존재하고, 그 역시 최대 질량을 넘어 지속적으로 중력붕괴를 일으킨다면 어떻게 될 것인가? 논리적으로 따져봤을 때 가능한 결론은 오직 블랙홀뿐이었다.

블랙홀이 존재하는 것은 분명하다. 그렇다면 블랙홀은 무엇으로 만들어졌을까? 간단히 답하자면, 아직 잘 모른다. 중성자별은 중성자가 극도로 압축되어 결정형 구조를 이루는 상태다. 만약 중성자의 축퇴 압력이 중성자를 압박하는 중력을 이겨내지 못한다면 어떤 일이 벌어질까? 역시 단순히 말하자면 이는 우리 천문학자들에게도 의문이다. 극도로 압축된 상태, 즉 블랙홀의 중심점에 관해서는 우리조차도 그 답을 아직 찾지 못하고 있다.

그런데 블랙홀이 형성되면 빛으로 추적이 불가능하다. 그럼에도 우리가 블랙홀의 존재를 알 수 있는 이유는 블랙홀의 중력이 다른 천체에 영향을 미치기 때문이다. 이는 우리가 바람을 눈으로 볼 수는 없지만 흔들리는 나뭇가지나 펄럭이는 깃발처럼 바람이 주변에 미치는 영향은 볼 수 있는 것과 비슷하다. 아주 먼 곳에 있는 은하들을 관측할 때 그 은하와 우리 사이에 끼어 있는 항성질량 블랙홀 stellar-mass black hole(무거운 별이 죽으면서 생성되는 블랙홀로, 항성과 질량이 비슷하다)로 인해 은하에서 방출되는 빛이 휘어지는 것을 확인할 수 있다. 그 빛이 아인슈타인이 이야기했던 휘어진 시공간을 가로질러 이동했기 때문이다. 이를 보면 우주 공간을 휘어지게 만드는 천체를 '볼' 수는 없어도, 그 곳에 존재한다는 사실은 알 수 있다.

블랙홀의 존재를 확인할 수 있는 또 다른 방법은 블랙홀 2개가 충돌했을 때 방출되는 중력파gravitational wave를 관찰하는 것이다. 블랙홀이 있으면 시공간이 심하게 구부러지고 뒤틀린다. 두 블랙홀이 만나면 서로를 중심으로 공전하기 시작하는데, 이때도 그 주변 공간이 휘어진다. 두 블랙홀이 공전하는 궤도를 따라 공간이 휘면서 우주에 파문을 일으킨다. 우리는 이것을 중력파라고 부른다. 블랙홀들이 결국 하나로 합쳐지면 우주가 안정을 찾기 전까지 엄청난 규모의 중력파가 일어나며, 중력파가 지나가는 공간은

블랙홀이 형성되면 빛으로
추적이 불가능하다. 그럼에도 우리가
블랙홀의 존재를 알 수 있는 이유는
블랙홀의 중력이 다른 천체에
영향을 미치기 때문이다.
이는 우리가 바람을 눈으로
볼 수는 없지만 흔들리는 나뭇가지나
펄럭이는 깃발처럼 바람이 주변에
미치는 영향은 볼 수 있는 것과 비슷하다.

잔물결처럼 늘어났다가 줄어들기를 반복하게 된다. 이러한 중력파의 움직임은 매우 정밀한 중력파 검출기 라이고LIGO(미국에 위치)와 비르고VIRGO(이탈리아에 위치)를 이용해 탐지할 수 있다. 2개의 거울을 이용해 만든 이 검출기들은 모두 지하에 설치되어 있다. 길이가 수킬로미터에 이르는 진공 터널의 양끝에 각각 거울을 달고 레이저 빔을 발사해 반사시켜 그 사이의 거리를 믿을 수 없을 만큼 섬세하게 측정한다. 그러면 그 공간을 지나가는 중력파의 진동을 검출해낼 수 있다. 우주에서 오는 중력파를 검출했다고 확실히 말할 수 있으려면 지구 반대편에 있는 라이고와 비르고가 동시에 진동을 감지해야만 한다.

나는 블랙홀에 매료되어 있는데, 나의 마음을 빼앗은 것은 일반적인 블랙홀이 아니라 초대질량 블랙홀이다. 은하 중심에 있는 각양각색의 초대질량 블랙홀들이 그 주변에 어떤 영향을 끼치는지 이해하기 위해 오랜 시간 노력해오고 있다. 이 초대질량 블랙홀들의 질량은 태양의 수백만 배에서 수십억 배에 이른다. 이들은 별이 수명을 다해 초신성이 되어 생을 마감할 때 형성되는 항성질량 블랙홀과는 차원이 다르다. 빅뱅이 일어났을 당시 만들어진 에너지들 중 아주 자그마한 에너지 덩어리에 불과한 인간으로서, 전 우주를 통틀어 가장 강력한 에너지원인 초대질량 블랙홀을 이해하고 연구할 수 있다는 사실은 정말 경이롭고도 감동적이다.

그렇다면 우리는 은하 한가운데에 위치한 초대질량 블랙홀을 어떻게 발견할 수 있을까? 지난 수십 년간 여러 연구자들이 우리은하 중심에 자리한 별들의 움직임을 관찰하고 분석한 끝에 초대질량 블랙홀의 존재에 대한 가장 직접적인 증거를 찾아낼 수 있었다. 별들이 굉장히 빠른 속도로 은하계 중앙을 공전하고 있는 모습이 관측된 것이다. 이 별들의 공전궤도를 이용하면 그 가운데에 있는 천체의 무게를 계산해낼 수 있다. 이 방식을 통해 우리은하 중심에 수성의 공전궤도와 비슷한 크기에, 무게는 태양의 400만 배에 달하는 천체가 있다는 사실이 밝혀졌다. 우리은하 중앙에 있을 만큼 작으면서도 그렇게 무거운 천체는 오직 초대질량 블랙홀뿐이다.

재미있게도 1980년대에는 은하 중심에 여러 블랙홀들이 모여 있다는 의견과 초대질량 블랙홀 하나만 있다는 의견이 대립하며 수많은 논쟁이 벌어졌었다. 그러나 블랙홀 군집이 서로를 중력으로 끌어당기며 최대한 가까이 붙어 있다 하더라도 은하 중심의 공간은 여러 블랙홀이 안정적으로 자리 잡을 만큼 여유롭지 않다. 블랙홀들이 모이면 서로 충돌하고 관여하며 빠르게 군집이 해체되고, 그 과정에서 일부는 밖으로 빠져나갈 것이며 나머지가 합쳐져 거대한 블랙홀을 형성할 것이다.

다른 은하계에도 초대질량 블랙홀이 있다는 명확한 증거는 아주 최근까지지도 발견되지 않았었다. 그래서 우리는 수십억 광년 떨어져 있는 외부은하의 중앙 지점을 관찰하면서 추측해보는 수밖에 없었다. 외부은하의 중심을 관측해보면, 그곳에서 수많은 엑스선과 전파, 고에너지 복사 high-energy radiation 등 상상도 못할 만큼 큰 에너지원에서만 나오는 초고에너지 복사가 일어나는 것을 목격할 수 있다. 이런 종류의 복사는 굉장히 강력하게 압축된 무거운 천체에서 생성된 수소 가스에 의해 형성된다. 수소 가스가 빠르게 소용돌이치며 천체 내부를 향하는 과정에서 강착원반 accretion disk(천체들의 중력에 의해 주변 기체들이 회전하면서 끌려들어갈 때 만들어지는 원반)의 형태를 이루며 강력한 마찰이 일어나는데, 이때 엑스선과 전파가 뿜어져 나오는 것이다.

여러 은하의 중앙에서 방출되는 초고에너지 엑스선과 전파를 수십 년간 관찰한 끝에, 천문학자들은 이만큼 높은 에너지를 지닌 천체는 초대질량 블랙홀밖에 없다는 결론을 내렸다. 그리고 2019년 4월, 사건의 지평선 망원경EHT, Event Horizon Telescope 국제공동연구팀은 메시에 87M87, Messier 87 은하의 중심에 있는 초대질량 블랙홀의 주변이 나선형으로 회전하며 빛을 내는 영상을 공개했다. 이 귀중한 관측 결과는 인류가 더 이상 블랙홀의 사건의 지평선에서 나오는 빛을 추적하지 않아도 된다는 것을 시사한다. 이제 우리는 블랙홀의 존재를 보여주는 가장 강력한 증거를 갖게 됐으며, 아인슈타인의 일반상대성이론으로 예측한 그대로 블랙홀이 움직인다는 사실 또한 확인됐기 때문이다.

블랙홀이 주변의 물질을 끌어당기는 동시에 이 물질들을 빛에 가까운 속도로 방출하는 현상을 '제트jet'라고 부른다. 블랙홀 주변에 있는 물질들은 강한 압력을 받으면서 나선을 그리며 강착원반의 내부를 향해 빨려 들어간다. 이때 강착원반에서 나오는 에너지에 의해 수천 광년 떨어진 곳까지 전해질 만큼 강력한 전파를 방출하는 가스 제트가 뿜어져 나온다. 탐욕스럽게 몸집을 늘리는 블랙홀의 강착원반에서 이렇게 막강한 에너지가 분출되기 때문에, 천문학자들은 블랙홀이 자신이 살고 있는 은하 전체에도 영향을 줄 수 있다고 여긴다. 은하가 계속 성장하기 위해서는 새로운 별을 계속 만들어야 한다. 그리고 별이 새롭게 만들어지기 위해서는 핵융합반응이 일어날 수 있을 만큼 수소 원자들이 자신들의 중력 아래 높은 밀도와 낮은 온도를 유지하며 충분히 수축해서 반죽될 수 있어야 한다. 하지만 우주에 관한 최근의 이론에 따르면, 초대질량 블랙홀 주변의 강착원반에서 나오는 에너지로 인해 열을 얻은 수소 원자들이 방출되면서 은하는 별을 더 만들어내지 못하고 성장을 멈추게 된다. 그러나 오늘날 우리가 수많은 은하들을 관측할 수 있음에도 이 현상을 실제로 관찰하는 것은 거의 불가능하다(이는 내가 지속적으로 연구하고 있는 분야이기도 하다).

이 모든 내용을 메시에 87에 적용시켜 정리하자면, 은하 자체의 크기는 수십만 광년인 데 반해 초대질량 블랙홀에서 생성된 제트의 전파 방출 규모는 1,000만 광년이 넘는다. 만약 메시에 87이 한 알의 모래라면 그 중앙에 놓인 초대질량 블랙홀의 크기는 원자만 한 것이고, 거기서 나오는 제트는 우리의 손바닥 전체만 한 셈이다. 나는 이를 생각할 때마다 윌리엄 블레이크의 시구가 떠오른다.

한 알의 모래알로 인생을 보고,
한 떨기 들꽃으로 천국을 보라
그대 손바닥에 무한을 움켜쥐고,
찰나의 시간에서 영원을 붙잡아라✦

당연히 메시에 87을 염두에 두고 쓴 시는 아닐 것이다. 이 시가 발표된 1863년 당시에는 하늘 너머에 수십억 개의 은하들이 있고 그 중앙에 방사선 제트를 내뿜는 초대질량 블랙홀이 있다는, 현대의 우리조차 제대로 이해하기 어려운 이 사실을 아는 사람이 아무도 없었을 테니 말이다. 그럼에도 불구하고 메시에 87의 소식을 들을 때마다 내 머릿속에는 이 시가 맴돈다.

✦ 영국의 시인이자 화가인 윌리엄 블레이크의 시 〈순수의 전조Auguries of innocence〉 중 일부. 이 작품은 1803년에 쓰인 것으로 추정되며 블레이크의 사후인 1863년에 발표됐다.

이 모든 내용을 메시에 87에
적용시켜 정리하자면, 은하 자체의 크기는
수십만 광년인 데 반해 초대질량 블랙홀에서
생성된 제트의 전파 방출 규모는
1,000만 광년이 넘는다. 만약 메시에
87이 한 알의 모래라면 그 중앙에 놓인
초대질량 블랙홀의 크기는
원자만 한 것이고, 거기서 나오는 제트는
우리의 손바닥 전체만 한 셈이다.

네 번째 지식

보이지 않는다고 해서
존재하지 않는 건 아니다

✦

여러분이 지금 읽고 있는 이 책을 비롯해 우리 주변에서 눈으로 볼 수 있는 모든 물체들은 일반물질, 즉 바리온baryon(중입자)으로 이루어져 있다. 양성자, 중성자, 전자 등 일반적인 입자들이 모두 바리온에 해당되는데, 이런 종류의 물질들은 모두 어떤 식으로든 빛과 상호작용한다. 빛을 내거나, 반사하거나, 흡수하는 것이다. 그리고 이 상호작용을 통해 우리는 빛의 존재나 부재를 인지하고 물체의 행방을 예측할 수 있다. 미세한 우주먼지에서부터 별, 블랙홀에 이르기까지 광활한 우주에서 관측되는 천체들은 전부 일반물질로 구성되어 있다. 그럼에도 우주를 이루는 전체 물질 중에서 일반물질이 차지하는 비중은 고작 15퍼센트에 불과하다. 더 놀라운 사실은 나머지 85퍼센트의 정체가 무엇인지 아직 아무도 모른다는 것이다.

이렇게 빛과 상호작용하지 않는, 일반물질을 제외한

나머지 물질을 '암흑물질dark matter'이라고 부른다. 이 물질은 빛을 내지도, 반사하지도, 흡수하지도 않기 때문에 우리가 그것을 '볼' 수 있는 방법이 없다. 외딴 곳에 홀로 있으면서 사건의 지평선 너머에 있는 빛을 낚아채 빨아들이는 블랙홀과 달리(이는 빛을 '흡수'하는 경우로 분류할 수 있다), 암흑물질은 우주 전역에 퍼져 있다. 심지어 태양계 안에도 암흑물질이 촘촘하게 깔려 있지만, 우리는 이 물질들과 상호작용할 수 없다.

그렇다면 암흑물질의 존재는 어떻게 알 수 있을까? 암흑물질은 빛을 흡수하지는 않지만 블랙홀처럼 중력과 상호작용하며 공간을 휘게 만든다. 일반물질과 동일한 방식으로 말이다. 게다가 지난 반세기 동안 암흑물질의 존재를 암시하는 몇 가지 증거가 발견됐다. 첫 번째 증거는 은하계에 속한 별들이 회전하는 속도를 통해 드러났다. 별의 회전속도는 1970년대에 암흑물질 연구라는 새로운 길을 개척한 미국의 천문학자 베라 루빈의 주된 연구 분야였다. 우주 전체 질량의 85퍼센트나 차지하는 어떤 물질이 존재한다는 증거를 찾아낸 일은 결코 사소한 사건이 아니지만, 역설적이게도 처음에 루빈이 이 분야를 선택한 것은 아무도 눈여겨보지 않고 누구에게도 간섭받지 않을 법한 연구 주제를 원했기 때문이었다(당시 루빈의 박사 논문이 천문학자들 사이에서 논란이 됐고 이로 인해 그녀는 좀 곤란한 상황에 처해 있었다. 그녀의 연구 결과가 옳았다는 사실은 나중에서야 밝혀졌다).✦ 그녀는 사람들이 은하 한가운데를 중심으로 공전하는 별의 속도를 다양한 방향에서 관측하는 일에는 관심을 두지 않을 거라고 믿었다.

중력의 법칙에 의하면, 은하 중심부로 갈수록 더 많은 별들이 있어야 하며 은하 중심에서 멀어질수록 별의 회전속도가 느려져야 한다. 우리 태양계에서 이와 같은 현상을 확인할 수 있는데, 태양과 가까이 있는 행성이 멀리 있는 행성보다 훨씬 빠른 속도로 공전한다. 그 이유는 태양계 총질량의 99.8퍼센트가 중심부에 몰려 있기 때문이다. 루

✦ 베라 루빈의 박사 논문은 우주의 팽창 비율에 대한 것으로, 관찰 방향에 따라 팽창 비율도 다르게 보인다는 내용이었다. 이것은 당시 천문학계의 의견과 반대되는 주장이었으나 우주 전체가 아닌 지역적 관찰일 경우에는 이 주장이 옳다는 것이 뒤늦게 입증됐다. 그 시절 천문학자들은 숲을 보느라 나무를 보지 못했던 것이다.

빈은 여기서 더 나아가 태양계보다 훨씬 큰 규모의 은하와 항성들 사이에서도 같은 현상이 나타나는지 알고 싶었다. 그래서 은하 내 항성들의 회전속도를 측정했던 것이다. 별이 회전하는 속도를 측정하기 위한 물리학적 원리는 복잡해 보이긴 해도 꽤 깔끔하다.

빛도 소리처럼 파동이다(단, 입자일 때는 제외한다. 빛은 성격이 좀 유별나다). 멀리 있던 구급차가 우리를 향해 달려오는 상황을 예로 들어보자. 구급차가 가까이 올수록 사이렌 소리의 파장이 짧아지면서 소리가 높아지고, 구급차가 우리를 지나쳐 멀어질수록 소리의 파장이 길어져 낮게 들린다. 이것을 도플러 효과doppler effect라고 부른다. 도플러 효과는 빛에서도 나타나는데, 빛의 파장이 압축되거나 늘어나면서 우리 눈에 보이는 빛의 색이 변화한다. 빛은 그 파장이 길게 늘어날수록 빨간색으로 보이고, 압축될수록 파란색으로 보인다. 회전하는 은하를 관찰할 경우 그 은하 내부의 어떤 별은 우리로부터 멀어질 것이고, 또 다른 어떤 별은 우리에게 가까워질 것이다. 이때 도플러 효과를 적용하면 관측 중인 별이 움직이는 속도를 알 수 있다.

그런데 안드로메다은하를 시작으로 여러 은하들을

관찰하던 루빈은 은하 외곽에 위치한 별들의 회전속도가 중심부에 있는 별들에 비해 느리지 않다는 사실을 알아차렸다. 은하 한가운데를 중심으로 다양한 거리에 있는 별들이 꽤 일관된 속도로 회전하고 있었던 것이다. 예상치 못한 아주 놀라운 관측 결과였다. 이 발견은 은하의 중심이 아닌 외곽 지역에 은하 질량의 대부분이 몰려 있음을 의미한다. 그런데 육안으로 은하를 관찰하면 은하의 외곽보다 중심부에 더욱 많은 별들이 모여 있다. 이를 통해 우리는 눈에 보이지 않으면서도 엄청난 질량을 지닌 암흑물질이 은하 내 어딘가에 흩어져 있다고 확신하게 됐으며, 그 영역을 '암흑물질 헤일로dark matter halo'라고 부르기 시작했다.✦

암흑물질의 존재를 뒷받침하는 두 번째 증거는 무거운 천체가 별빛에 얼마나 큰 영향을 끼치는지 확인하는 과정에서 발견됐다. 아인슈타인이 말했듯이, 무거운 천체는 빛이 이동하는 우주 시공간을 휘어지게 만든다. 이 개념을

✦ 헤일로란 은하의 중심부나 원반부 밖에 있는 공 모양의 넓은 영역을 말하며, 그 성분에 따라 별 헤일로stellar halo와 암흑물질 헤일로로 나뉜다.

이해하기 어렵다면 렌즈가 빛을 굴절시키는 현상을 떠올리면 된다. 흔히 사용하는 유리잔이나 콘택트렌즈는 빛을 굴절시켜 물체를 더 가깝거나 멀게 보이도록 만들고, 우리의 눈이 초점을 잘 잡을 수 있게 도와주기도 한다. 거대한 은하단galaxy cluster 역시 똑같은 영향을 미칠 수 있기 때문에 은하단 뒤쪽에 멀리 떨어져 있는 다른 은하의 빛들이 은하단 근처를 지날 때 그 이동 경로가 휘어진다. 따라서 다른 은하의 빛이 일직선으로 우리를 향해 오고 있었다면 우리는 은하단으로 인해 그 빛이 고리 모양으로 동그랗게 구부러진 모습을 관측할 수 있다. 천문학계에서는 이것을 '아인슈타인 반지(또는 고리)Einstein Ring'라고 한다. 와인잔과 촛불이 놓인 로맨틱한 저녁 테이블 위에서도 이와 비슷한 빛의 현상을 발견할 수 있다. 이와 같이 빛이 고리 모양으로 굴절한 정도를 보고 빛을 휘게 만든 천체의 질량을 계산할 수 있으며, 이로써 우리는 눈에 보이는 별 외에 다른 무언가가 은하 속에 존재한다는 사실을 다시 한번 알게 됐다.

지난 수십 년간 학계에서는 이 물질이 미광성微光星, faint star이거나 중성자별, 또는 블랙홀일 가능성을 거론하며 수많은 논쟁이 오갔다. 미광성과 중성자별, 블랙홀처럼 은하의 헤일로에 존재하는 거대질량체를 가리켜 마초MACHO, Massive Astrophysical Compact Halo Object(고질량 고밀도 헤일로 천체)라고 한다. 내뿜는 빛은 굉장히 흐리지만 온도가 높은 미광성은 적외선을 방출하기 때문에 몇 개인지 확인이 가능하고, 중성자별도 엑스선이나 전파와 같은 파장을 내보내므로 그 개수를 세어볼 수 있다. 우리은하에 있는 블랙홀도 '렌즈'의 역할을 하며 주변에 있는 별빛의 이동 경로를 굴절시키기 때문에 우리 눈으로 그 존재를 파악할 수 있다. 이렇게 지구에서 직접 관측되는 우주의 현상들이 해마다 얼마나 많이 벌어지는지 헤아려보면 우리 눈에 보이지 않는 현상들도 그만큼 많을 것이라고 추측하게 된다. 그러나 이 많은 천체들을 다 모아놓고 그 엄청난 무게를 고려해봐도 밤하늘의 별빛을 굴절시키는 정체불명의 물질을 설명해주진 못한다.

천문학자들 중에는 아인슈타인의 중력이론(일반상대성이론)이 틀렸기 때문에 이 모든 문제가 발생했다고 보는 경우도 있다. 이 학자들은 암흑물질의 존재를 필요로 하는 아인슈타인의 중력이론이 아니라 뉴턴역학을 살짝 변형시킨 수정뉴턴역학MOND, Modified Newtonian Dynamics 이론이 애초

지구에서 직접 관측되는 우주의 현상들이
해마다 얼마나 많이 벌어지는지 헤아려보면
우리 눈에 보이지 않는 현상들도
그만큼 많을 것이라고 추측하게 된다.
그러나 이 많은 천체들을 다 모아놓고
그 엄청난 무게를 고려해봐도 밤하늘의 별빛을
굴절시키는 정체불명의 물질을 설명해주진 못한다.

부터 옳았다고 주장한다.✦ 하지만 거대한 은하단에서 관측된 현상들을 설명하고 보이지 않는 물질에 대한 문제를 해결하는 과정에서 이 이론은 무너졌다. 수정뉴턴역학의 핵심은 중력파가 우주를 통과하는 속도와 빛의 속도가 다를 것이라고 예측한 점이다. 그러나 2017년에 중성자별 2개가 충돌하며 블랙홀을 생성하는 과정에서 중력파의 방출과 빛의 폭발이 동시에 감지되면서 수정뉴턴역학이 반증됐다. 수정뉴턴역학은 아인슈타인의 일반상대성이론이 아주 멋들어지게 설명해낸 우주의 현상들을 단 하나도 제대로 해석하지 못했다. 그래서 우리는 암흑물질이 어떤 형태로든 우주에 존재하고 있음을 인정하게 됐다.

암흑물질이 무엇으로 이루어졌는지는 입자물리학에서 밝혀내야 한다. 이를 위해 입자물리학자들은 마초에 반대되는 개념인 윔프WIMP, Weakly Interacting Massive Particle, 즉 '약

✦ 뉴턴의 중력 법칙은 지구 위에서 일어나는 일상적인 물리현상은 정확하게 설명할 수 있지만 수성의 공전궤도나 블랙홀 주위를 회전하는 물질을 예측해내지는 못한다. 그러나 아인슈타인의 중력이론은 일반적인 상황뿐 아니라 물체가 굉장히 빠르게 움직이거나 극도로 무거운 천체가 있는 우주의 현상에도 적용할 수 있다.

하게 상호작용하는 무거운 입자'에 대해 연구하고 있다. 입자를 '무겁다'고 표현하는 사람은 입자물리학자들뿐일 것이다. 이 입자물리학계에서 입자란 양성자(양성자 하나의 질량은 1킬로그램을 10의 27제곱으로 나눈 값이다)보다 100배 더 무거운 물질을 의미한다.

입자물리학에는 표준모형Standard Model이라는 아주 아름다운 이론이 하나 있다. 표준모형 이론은 네 가지 힘(중력, 전자기력, 강력, 약력)에 지배받는 입자의 구성 요소들을 한데 모은 것으로, 물체들이 질량을 갖는 이유를 설명해준다. 그 모든 내용들이 표준모형의 방정식에 집약되어 있는데 이를 통해 우리를 둘러싼 우주의 모든 물질들을 기술할 수 있다. 하지만 이 방정식에는 몇 가지 문제가 있었다. 그중 가장 큰 문제는 암흑물질에는 이 방정식을 적용할 수 없다는 사실이었다. 일부 입자물리학자들은 표준모형의 영역을 좀 더 넓혀서 암흑물질을 그 안에 끼워 넣기 위해 노력하고 있다. 그러기 위해서는 암흑물질을 추적해서 그것이 무엇으로 만들어졌는지 알아내야만 한다.

그렇다면 빛뿐 아니라 어느 무엇과도 상호작용하지 않는 이 미세한 물질을 어떻게 추적할 수 있을까? 한 가지 방법은 암흑물질의 입자와 우리가 관측할 수 있는 일반물질의 입자가 충돌하는 순간을 포착하는 것이다. 그런 다음 일반물질 입자의 운동량이나 에너지가 어떻게 변화하는지 파악해야 한다. 마치 포켓볼을 칠 때 당구대 위에서 부딪힌 두 공이 각각 어디로 굴러가는지 지켜보는 것처럼 말이다. 그런데 물이나 공기처럼 따뜻한 유체에서는 이런 종류의 충돌이 수시로 일어난다. 때문에 물리학자들은 입자의 운동량과 에너지를 없애기 위해 유체의 온도를 절대영도에 가깝게 극도로 낮추었으며, 유체의 입자 에너지에 영향을 줄 수 있는 우주 방사선이 닿지 않도록 수킬로미터 지하에 실험실을 설치했다. 이렇게 깊은 지하에 매우 낮은 온도의 유체를 준비했다면 남은 일은 시간과의 싸움이다. 가능성이 아주 적지만 그렇다고 아예 불가능하지도 않은, 암흑물질 입자와의 충돌로 인한 일반물질 입자의 에너지 증가가 감지되는 그 순간이 찾아오기를 기다려야만 한다.

실제로 이런 방식의 실험들이 1996년부터 진행되고 있으며, 우리는 여전히 기다리는 중이다.

다섯 번째 지식

우리는 어디까지 갈 수 있을까?

인구의 힘
무엇이 국가의 운명을 좌우하고
세계사의 흐름을 바꾸는가
The Human Tide
"인구는 언제나 중요했다."
대영제국의 탄생과 영어의 세계화, 슈퍼파워로 부상한 미국, 중동에 대변혁을
몰고 온 아랍의 봄, 중국의 거대한 도전, 브렉시트와 트럼프의 당선까지,
이 모든 역사적 현상의 배경에는 '인구'가 있다.
세상 친절한
중국상식
62가지 질문으로 들여다본 중국인의 뇌 구조
"중국, 무엇을 어디서부터 알아야 할까?"
• 숫자로 떠나는 경이로운 지식여행 •
세상의
모든 수 이야기
IS THAT A BIG NUMBER?
현대사회에서 수학보다 중요한 것은 '수 감각'이다.
"잠들어 있는 당신의 수 감각을 깨우는 최고의 책"
질병이 바꾼
세계의 역사
WIE KRANKHEITEN
GESCHICHTE MACHEN
미래의창
도서목록
검사의 대화법
말하지 않은 것까지 듣는 진정한 대화의 힘
초연결 시대의 집, 새로운 시장을 열다
퓨처홈
THE FUTURE HOME
'퓨처홈'의 승자는 누가 될 것인가?
NO BRAND
노
브랜드 시대의
브랜드 전략
kakao와 NAVER는
어떻게 은행이 되었나
핀테크 트렌드로 보는
밀레니얼이 원하는 미래 금융
B N
블로그 miraebookjoa.blog.me 페이스북 facebook.com/miraebook 인스타그램 @miraebook
미래의창

'콘텐츠 온리'의 시대
콘텐츠 없이 비즈니스를 논하지 말라
미디어 산업 최전선에서 전하는 심층 리포트

콘텐츠가 전부다

'콘텐츠 온리'의 시대
콘텐츠를 가진 자가 세상을 가진다

노가영·조형석·김정현 지음 | 280쪽 | 16,000원

2020년, 미디어 시장의 판도는 콘텐츠다. 하나의 문화 현상으로 자리 잡으며 어느새 사람들의 일상이 된 뉴미디어, 그 중심에 콘텐츠가 있다. 미디어 산업 최전선에 있는 저자들이 급진적인 시대 변화의 핵심인 콘텐츠를 중심으로 미디어 시장의 현실을 분석한다.

알렉산더 대왕부터 히틀러, 케네디까지
최고 권력자들의 질병에 대한 기록
질병은 어떻게 세계의 역사를 바꾸었는가?

질병이 바꾼 세계의 역사

인류를 위협한 전염병과
최고 권력자들의 질병에 대한 기록

로날트 D. 게르슈테 지음 | 강희진 옮김 | 376쪽 | 17,000원

수많은 사람의 생명을 위협하거나 역사적으로 큰 권력을 손에 쥐었던 인물들의 건강을 앗아감으로써 역사의 흐름을 바꾸기도 한 질병. 황제와 대통령, 독재자에 이르기까지 질병이 어떻게 그들을 무너뜨리고 세계의 역사를 바꾸었는지 그 흥미로운 이야기를 담았다.

✶

1970년 4월 15일, 인간은 인류 역사상 지구에서 가장 먼 곳, 지표면으로부터 40만 171킬로미터(약 24만 8,655마일) 떨어진 곳에 도달했다. 이 기록은 달 착륙 미션에 도전했던 아폴로 13호가 산소탱크 폭발로 달 착륙에 실패하면서 세워진 것이다. 산소탱크 폭발 당시 우주비행사 짐 러벨과 프레드 하이즈, 잭 스위거트는 달 착륙까지 계획된 60시간의 여정 중 이미 55시간 이상을 우주에서 보낸 상태였다. 그들이 지구에서 너무 멀리 떨어져 있었기에 나사NASA, National Aeronautics and Space Administration에서는 우주비행사들을 무사히 데려오기 위한 비상 대책을 실행할 수 없었다. 그 대신에 비행사들은 지구로부터 더욱 멀리 이동해 달의 뒤편으로 날아갔고, 달의 중력 에너지를 지렛대 삼아 지구까지 갈 수 있는 힘을 받았다. 달의 뒤편을 향해 빙 둘러갈 때 달의 표면으로부터 254킬로미터 떨어진 상공에서 비행을 하고(다른 아폴로 우주선들보다 100킬로미터 이상 높은 고도에서의 비행이었다), 때마침 달도 지구에서 가장 먼 공전궤도를 지나고 있었기 때문에 이 역사적인 기록을 세울 수 있었다.

아폴로 13호에 탑승한 세 명의 우주비행사들은 기발한 창의력과 나사 직원들의 도움으로 지구를 떠난 지 6일 만에 무사히 돌아올 수 있었다. 그들이 임무 수행에 성공했다거나 실패했다고 단순하게 단정 짓기는 어렵다. 본래 목표였던 달 착륙에는 성공하지 못했지만, 그들은 자신의 목숨을 지켜냈고 새로운 우주비행 기록을 세웠다. 그 후 약 50년간 인간은 우주에서 가장 오랫동안 체류한 기록, 우주유영을 가장 많이 한 기록과 가장 오래 한 기록, 심지어 안전로프 없이 우주유영을 한 기록까지 새롭게 달성했다. 하지만 이 기록들은 모두 지구의 공전궤도 내에서 이루어졌거나 러시아 우주정거장 미르Mir(지금은 철거됐다) 또는 국제우주정거장ISS, International Space Station에서 시도된 것들이었다. 1972년 이후, 지구의 표면에서 408킬로미터(약 254마일, 로스앤젤레스와 라스베이거스 사이의 거리보다 조금 더 길다) 이상 떨어진 곳에 간 사람은 아무도 없다.

그 이유 중 하나는 역시 비용이다. 사람이 직접 가는

것보다 로봇착륙선이나 탐사선을 이용해 태양계 저편을 조사하는 것이 훨씬 더 저렴하고, 쉽고, 실현 가능성이 높다. 현재 인류는 행성 중에서도 특히 화성에 많은 관심을 쏟고 있다. 1963년에 나사가 금성으로 우주탐사선 마리너Mariner를 보냈으나 그곳의 대기가 산성 스모그와 이산화탄소로 가득하며 지표면의 온도가 400도를 넘는다는 사실을 확인한 이후, 우리는 지구와 가장 비슷한 환경을 가진 화성에 집중하기 시작했다.

인류는 달을 제외한 태양계의 다른 천체들에 보낸 탐사선들을 전부 합한 수만큼 많은 탐사선들을 화성 한 곳에 보냈다. 대략 지구의 절반 크기인 화성은 1년의 일수가 지구보다 두 배 많고, 하루는 약 24시간 30분✦으로 지구와 비슷하다. 이걸 보면 지구인들이 화성을 그토록 궁금해하는 이유를 쉽게 예상할 수 있다. 사람들은 화성에 생명이 존재하는지, 혹은 앞으로 존재할 가능성이 있는지 너무나도 알고 싶어한다.

지구와는 다르게 화성에 부족한 것이 하나 있는데, 바로 자기장이다. 이로 인해 화성을 인류의 거주지로 만들려는 노력들이 곤란을 겪고 있다. 화성에 자기장이 부족하

인류는 달을 제외한 태양계의 다른 천체들에
보낸 탐사선들을 전부 합한 수만큼
많은 탐사선들을 화성 한 곳에 보냈다.
대략 지구의 절반 크기인 화성은
1년의 일수가 지구보다 두 배 많고,
하루는 약 24시간 30분으로 지구와 비슷하다.
이걸 보면 지구인들이 화성을 그토록
궁금해하는 이유를 쉽게 예상할 수 있다.

다는 이야기가 어쩌면 여러분에게는 나침반이 제대로 작동하지 않아 길 찾기가 어렵겠다는 정도로 여겨질지도 모르겠다. 하지만 자기장의 부재는 그보다 훨씬 더 심각한 문제들을 초래한다.

지구의 자기장은 태양에서 방출되는 유해한 에너지 입자들로부터 우리를 보호해준다. 태양은 우리가 지구에서 풍요롭게 살 수 있도록 만들어주는 가시광선과 자외선(적당량의 자외선은 인간의 생존에 꼭 필요하다)을 보내주는 동시에 엑스선부터 전파에 이르는 모든 스펙트럼의 빛을 방출한다. 엑스선와 자외선 등 태양에서 오는 고에너지 빛은 지구의 대기층 꼭대기에 있는 오존층에서 다량 흡수되어 대

✦ 지구에서 '화성 시간'에 맞춰 생활해보는 실험이 진행된 바 있으며, 이 실험에는 여러 연구원들과 엔지니어들, 수습 우주비행사들이 참여했다. 특히 미국 하와이의 마우나케아산에서 이루어진 하이시스HI-SEAS, Hawaii Space Exploration Analog and Simulation(하와이 우주탐사 모의실험. 훗날 화성 탐사를 안정적으로 수행하기 위해 나사에서 2013년에 시작한 고립 실험-옮긴이)는 지구인들이 화성에서 어떤 생활을 하게 될지 알아보기 위해 오랜 기간에 걸쳐 행해지고 있다. 이 실험에 참가한 연구원들은 지구 시간에서 빠르게 벗어났으며, 하루를 24시간 30분으로 생활하는 것이 매우 좋다는 내용을 자주 보고했다. 소소한 일들을 해볼 수 있는 여유 시간이 30분 더 생겼기 때문이다.

부분 지표면까지 뚫고 들어오지 못하지만, 거센 핵융합반응으로 압력이 급격하게 높아져 태양이 고에너지 입자들을 폭발적으로 내뿜을 때는 지구의 대기로도 어쩔 수가 없다. 이럴 때 자기장이 힘을 발휘한다. 지구의 자기장은 태양풍 속에 들어 있는 대다수의 입자들을 막아주며, 극지방으로 떠밀려 간 나머지 입자들은 그곳에서 대기 중에 섞여 있는 질소와 산소를 만나면서 에너지를 얻어 화려한 빛을 발한다. 그 아름다운 광경이 북극광Aurora Borealis과 남극광Aurora Australis, 즉 오로라다. 이 경이로운 빛의 향연은 지구 외에 목성과 토성에서도 볼 수 있는데, 그곳의 오로라 역시 굉장히 멋지다. 자기장이 거의 없는 화성에서는 오로라가 그만큼 강렬하게 빛나지 않는다.

화성에 자기장이 부족하다는 것은 태양광의 고에너지 입자를 막아줄 방패가 없다는 뜻이다. 화성은 태양계가 형성될 때 함께 태어난 이후 지금까지 약 50억 년 동안 이 입자들과 끊임없이 싸워왔으며, 그 과정에서 화성의 대기 구성 원소들 중 가장 무거운 원소만 남고 나머지는 전부 대기층에서 떨어져 나가고 말았다. 결국 지구 대기의 170분의 1 수준으로 얇아진 화성의 대기는 98퍼센트 이상이 이

산화탄소로 이루어져 있다. 화성에는 오존층이 없어서 엑스선이나 자외선 같이 해로운 광선이 지표면에 도달하기가 쉽다. 이런 환경은 화성에서 살기로 결심한 용기 있는 미래의 인류에게 분명 영향을 미칠 것이다.

현재 화성에서는 지표면 위를 돌아다니며 관측하는 이동탐사선 큐리오시티Curiosity와 특정 장소에 정착해 화성 내부를 관측하는 탐사선 인사이트Insite가 정보를 수집하고 있다. 지금껏 화성을 조사해온 이동탐사선들은 달 탐사선들보다 더 긴 거리를 움직이며 보다 자세하고 다양하게 화성 표면을 관측해왔다.✦ 이러한 탐사선들의 노력을 종합해 본 결과, 과거 화성에는 물이 존재했으며 이 물은 극지방의 얼음 속에 갇혔거나 증발해 우주로 날아가버렸을 것으로 추정된다. 2018년에 통신이 끊겨 임무가 종료된 화성 이동탐사선 오퍼튜니티Opportunity는 14년간 42.195킬로미터를

✦ 아폴로 15호와 16호, 17호의 우주비행사들이 이용한 달 탐사선들은 각각 27~36킬로미터의 거리를 이동했다. 이 역시 꽤 긴 탐사 거리였지만 화성의 로봇탐사선들에 의해 추월당하게 됐다.

홀로 이동하면서 단일 탐사선으로서 새로운 우주탐사 기록을 세우기도 했다.

오퍼튜니티를 잃게 된 원인을 알면 미래 인류의 화성기지 건설에 큰 도움이 될 수 있다. 오퍼튜니티는 태양광으로부터 에너지를 얻었다. 너무 멀리만 가지 않는다면 한 번의 충전으로 2~3일가량 돌아다닐 수 있었고, 화성에 거대한 먼지 폭풍이 불어닥칠 경우에는 동면 모드로 전환해 두세 달 정도는 충전 없이 버틸 수 있었다. 화성에 먼지 폭풍이 일어나는 원리는 지구에서 폭풍이 몰아치는 원리와 유사하다. 태양열로 인해 뜨겁게 달궈진 지표면의 공기가 대기층 위쪽으로 상승하면서 지표면에 있던 먼지도 함께 올라가 먼지 폭풍을 일으키는 것이다(지구에서는 지표면의 물이 수증기가 되어 함께 올라와 대기 높은 곳에 구름을 형성한다). 때때로 화성이 태양과 가까운 궤도를 지나는 시기에 여러 조건이 맞아떨어지면, 화성에 더욱 거대한 먼지 폭풍이 일어나 행성 전체를 뒤덮고 태양으로부터 들어오는 거의 모든 빛을 차단한다. 그럴 때 탐사선은 에너지를 아끼기 위해 모든 시스템 전원을 끄되, 주기적으로 일어나 배터리 상태를 점검하고 동력이 충분할 경우 지구에 신호를 보낸다.

2018년 6월에 화성을 덮친 먼지 폭풍으로 오퍼튜니티는 동면 모드에 들어갔고, 이 폭풍은 그해 10월이 되어서야 잦아들었다. 이후 2019년 2월이 될 때까지 나사는 오퍼튜니티로부터 어떤 신호도 받지 못했다. 그즈음이면 오퍼튜니티의 태양 전지판에 쌓였던 먼지도 모두 날아갔을 게 분명하기 때문에, 나사의 과학자들은 탐사선의 전자 장치에 먼지가 들어간 것이 분명하다고 짐작했다. 그리고 공식적으로 오퍼튜니티의 임무를 종료시켰다.

이처럼 행성 전체를 뒤덮을 만큼 막강한 먼지 폭풍이 대략 3년에 한 번씩 일어나므로 화성기지를 건설할 때도 이를 고려해야 한다. 바깥에 엄청난 폭풍이 휘몰아치는 가운데 몇 달간 버틸 수 있는 전력마저 부족한 상황에 처했다고 상상해보라. 이는 인간의 생활과 생존에 치명적인 문제를 가져올 수 있다. 그저 외부와 연락을 주고받거나 넷플릭스로 영화를 왕창 보는 일뿐만 아니라, 산소 공급이나 냉난방 등 인간의 생명을 유지하는 데 필요한 시스템에 중대한 영향을 끼치기 때문이다. 화성에 유인 기지를 짓는 것을 생각하기 전에 이 엄청난 먼지 폭풍에 대한 비상 대책을 먼저 마련해야 한다. 그래야 최악의 상황에 맞닥뜨렸을 때 임무가 중단되는 사태를 막을 수 있을 것이다.

앞으로 있을 태양계 탐사의 목적지 중에는 목성과 토성, 해왕성의 일부 위성들도 있다. 이 위성들의 얼음 지각 아래에는 거대한 바다가 묻혀 있고, 격렬한 화산활동의 흔적도 남아 있어 생명이 존재할 가능성이 엿보이기 때문이다. 하지만 인간이 살기에 적합할 수도 있는 그 별들까지 이동하는 일 자체가 어마어마한 도전 과제다. 역사상 가장 빠른 속도로 우주를 비행한 사람은 아폴로 10호의 우주비행사들로, 1969년 5월 그들이 귀환할 때 달의 중력을 이용해 지구를 향해 새총을 쏘듯 쏘아 올려지면서 그 기록이 세워졌다. 당시 비행속도는 시속 3만 9,897킬로미터(시속 2만 4,791마일)였다. 지구에서 이 속도로 비행한다면 뉴질랜드의 오클랜드에서 영국의 런던까지 한 시간 안에 이동할 수 있다. 이 속도가 굉장히 빠르게 느껴지겠지만, 최근의 무인 탐사선들은 그보다 훨씬 빠른 속도로 우주를 날아다닌다. 현재까지 최고 비행속도를 기록한 탐사선은 나사의 주노Juno이며, 주노가 목성의 궤도에 들어섰을 때의 속도는 무려 시속 26만 6,000킬로미터(시속 16만 5,000마일)에 달했다. 다시 정리하자면 아폴로 10호는 달까지 가는 데 4일이 걸렸고,

오퍼튜니티는 화성에 도착하기까지 8개월이 걸렸으며, 아폴로 10호보다 약 일곱 배 빠르게 이동할 수 있는 주노는 목성에 도달하는 데 5년이 걸렸다. 그러니 현재의 우주비행 기술 수준으로는 유인 우주선의 장거리 여행을 준비하기가 굉장히 어렵다고 할 수 있다.

그렇다면 태양계 너머의 우주를 탐사할 수는 없는 것일까? 1977년, 나사의 보이저Voyager 1호와 2호가 거대 가스 행성인 외행성 목성과 토성을 근접 비행하며 관측한 후 계속 이동하는 임무를 가지고 지구를 떠났다. 심지어 보이저 2호는 거대 얼음 행성인 천왕성과 해왕성에까지 근접하는 데 성공했으며, 지금까지도 이 두 행성을 가까이서 관측한 유일한 탐사선으로 기록되고 있다. 천왕성과 해왕성의 모습을 자세하게 포착한 사진들은 모두 이 보이저 2호가 촬영한 것이다. 보이저 2호는 1989년 10월에 해왕성에서의 근접 비행을 마치고 이동했고, 그때부터 태양에서 멀리 떨어진 태양계 가장자리로 날아가면서 주위의 정보를 매시간 지구로 전송했다. 그러던 2019년 2월, 이 탐사선은 주변에 있는 태양풍 입자의 수가 급격하게 줄어들었으며 바깥쪽 우주 공간으로부터 들어오는 우주 방사선 입자의 수가 엄청나게 증가했다고 보고했다. 이때가 바로 발사된 지 41년 5개월 만에 보이저 2호가 태양계를 벗어난 순간이었다.

그보다 앞선 2012년 8월에 태양계를 떠난 첫 번째 우주선이 된 보이저 1호는 현재 지구로부터 대략 215억 킬로미터(약 134억 마일) 떨어진 거리에 있으며 지구에서 가장 먼 곳에 있는 인공물이 됐다. 보이저 2호는 지구와 180억 킬로미터(약 118억 마일) 떨어진 곳에 있어서 1호보다는 조금 더 가까이 있다. 언젠가는 결국 지구와의 통신이 끊기겠지만, 그래도 보이저 탐사선들은 속도가 더 빨라지거나 느려지는 일 없이 같은 속도로 꾸준히 날아가며 태양으로부터 계속해서 멀어질 것이다. 그래서 나사의 연구원들은 이 탐사선들 안에 55개 언어로 인사한 목소리와 전 세계의 다양한 음악들, 그리고 지구에서 녹음한 자연의 소리를 담아 보냈다. 어쩌면 더 이상 인류가 존재하지도 않을 수도 있는 먼 미래에 아주 먼 곳에 있는 지적 생명체가 우리의 탐사선을 발견할 수도 있기 때문이다.

태양에서 가장 가까운 항성인 프록시마 센타우리

Proxima Centauri 또는 Alpha Centauri C는 지구로부터 무려 39조 9,234억 킬로미터 거리에 있다. 지구에서 출발해 이곳에 다다르려면 초속 29만 9,792킬로미터의 광속으로 4년 남짓의 시간 동안 이동해야 한다. 좀 더 현실적인 보이저 1호의 속도로 따지면 대략 7만 4,000년 정도 걸릴 것이다. 하지만 보이저 1호는 이 별을 향해 가고 있지 않다. 대신 이 탐사선은 뱀주인자리Ophiuchus 쪽으로 향하고 있는데, 이대로라면 약 4만 년 이내에 작은곰자리Ursa Minor에 있는 별 하나와 160억 킬로미터도 떨어져 있지 않은 지점을 통과할 것이다. 그때부터 보이저 1호는 태양이 아닌 다른 별과 더 가까워지게 된다.

우리가 지금보다 훨씬 효율적이고 빠르게 날 수 있는 우주선을 만들지 못한다면, 가족과 친구를 두고 멀리 있는 행성이나 태양계 너머로 향하는 편도 여행을 떠나기는 쉽지 않을 것으로 보인다. 태양의 중력이 닿는 안전한 지역을 벗어나 진정으로 '별과 별 사이'를 여행하기 위해서는 지금보다 더 뛰어난 우주 기술과 아주 대담한 모험가들이 필요하다. 이 책을 읽고 있는 여러분에게 오늘 당장 우주로 떠날 수 있는 기회가 주어진다면 어떤 선택을 하겠는가?

여섯 번째 지식

제2의 지구를 찾아서

✶

약 140억 년 전, 신비로운 창조의 바람 속에서 우주가 탄생했다. 그로부터 95억 년 후에는 태양과 지구, 태양계가 형성되기 시작했으며, 다시 10억 년이 더 지나자 지구의 바다에 생명체가 자라나고 땅 위에는 공룡들이 돌아다녔다(빅뱅으로부터 약 135억 년이 지난 후였다). 각종 식물과 포유류, 조류들의 진화와 함께 5억 년이라는 세월이 빠르게 흘렀고, 고대 그리스와 로마, 마야 등 여러 국가와 문명의 흥망성쇠를 거쳐 마침내 1995년에 이르렀다. 이 해에 영국의 여성 보컬 그룹 스파이스걸스가 가요계 최고의 인기를 누렸고, 픽사와 디즈니의 합작 애니메이션 〈토이 스토리〉가 개봉됐으며, 우리은하 안에서 다른 별의 주위를 공전하는 행성이 최초로 발견됐다. 페가수스자리 51 b[51 Pegasi b]라는 서정적인 이름이 붙은 이 외계행성을 찾아낸 것은 내가 생각하는 가장 위대한 천문학적 발견 중 하나다.✦ 이 발견으로 인해 우리는 태양계가 우주의 돌연변이가 아니며 다른 별에게도 그 주위를 도는 행성이 있다는 사실을 알게 됐고, 어쩌면 그 행성에도 생명체가 있을지 모른다는 생각을 갖게 됐다.

뿐만 아니라 페가수스자리 51 b의 발견을 시작으로 외계행성 연구의 '황금기'가 열렸다. 열성적인 아마추어 천문가들 사이에서는 새로운 행성을 찾아 밤하늘을 들여다보는 일이 일상이 됐다. 그런데 이와는 상관없이, 외계행성이 처음 확인된 1995년 이전부터 천문학자들의 머릿속을 늘 맴돌던 의문점이 하나 있다. 바로 '지구와 가장 비슷한 행성은 어디일까?'라는 질문이다. 우리의 지구처럼 항성을 중심으로 회전하고 생명체를 품고 있는 행성이 드넓은 우주 어딘가에 존재하는지 알고 싶어하는 것은 천문학자들에게 숙명과도 같다. 그리고 최근 몇 년 사이 이 궁금증은 단순한 호기심을 넘어 반드시 풀어야 할 숙제 같은 것이 되어버렸다. 앞서 이야기했듯, 아무리 간절히 원해도 '또 다른 지구'까지 여행하는 일이 가능하지도 않은데 말이다.

✦ 솔직히 고백하자면 1995년의 나는 스파이스걸스에 너무 빠져 있었던 탓에 외계행성의 발견 소식에는 별 관심이 없었다.

우리의 지구처럼 항성을 중심으로
회전하고 생명체를 품고 있는 행성이
드넓은 우주 어딘가에 존재하는지
알고 싶어하는 것은 천문학자들에게 숙명과도 같다.
그리고 최근 몇 년 사이 이 궁금증은
단순한 호기심을 넘어 반드시 풀어야 할
숙제 같은 것이 되어버렸다.

지구인들의 사정은 잠시 제쳐두고, 외계행성을 찾으려면 어떻게 해야 할지 생각해보자. 천문학자들이 이용하는 외계행성 탐사 방법으로는 직접 촬영법Direct Imaging과 시선속도 측정법Radial Velocity, 천체면 통과 관측법Stellar Transit 등이 있다. 직접 촬영법은 말 그대로 직접 관측해서 항성 주위를 공전하는 행성을 촬영하는 방식이다. 언뜻 듣기엔 쉬워 보일지 몰라도 행성이 공전하고 있는 그 항성이 수백만 킬로미터 떨어진 지구에서 보일 만큼 밝게 빛나며 굉장히 큰 에너지를 발산하고 있다는 것을 잊어서는 안 된다. 스스로 빛을 낼 수 없는 행성은 항성에서 나온 빛을 반사하며 존재를 드러낸다. 우리가 달이나 태양계의 다른 행성을 관측할 수 있는 것도 그 별들이 태양의 빛을 반사하고 있기 때문이다. 너무 밝은 빛을 내뿜는 항성으로 인해 그 근처에 있을 외계행성을 찾아내기란 여간 어려운 일이 아니다. 대규모 스타디움의 커다란 조명 옆에서 작은 손전등을 든 사람을 찾는 일과 같다고 보면 된다.

그래서 천문학자들은 일반적으로 망원경 렌즈에 동그란 가리개를 대고 항성의 빛을 차단한 다음에 사진을 찍는다. 천체 촬영의 경우 노이즈가 생기기 쉬워 보통 첫 번째 촬영 후 며칠, 길게는 몇 주가 지난 뒤에 다음 사진을 촬영한다. 그래야만 첫 번째 사진 속에서 외계행성이라고 추측했던 어떤 점이 두 번째 사진에서도 발견됐을 때 그것이 노이즈 중 하나가 아니라 진짜 행성이라고 판단할 수 있기 때문이다. 그렇다 보니 때때로 첫 번째 촬영 때 목격했던 외계행성이 공전궤도를 따라 이동해서 두 번째 촬영 때는 다른 위치에 가 있기도 한다.

항성으로부터 멀리 떨어져 있는 행성일수록 그 별빛과 행성의 반사광을 구분할 수 있어서 관측하기가 더 쉽다. 여기서 '멀리 떨어져 있다'는 말은 지구와 태양 사이의 거리보다 100배 이상 긴 거리를 의미한다. 참고로, 태양과 명왕성 사이의 거리가 태양과 지구 사이의 거리의 50배 정도 된다. 따라서 외계행성을 찾기 위한 용도로만 직접 촬영법을 사용할 경우 지구보다 훨씬 거대한 크기에 더 많은 빛을 반사하면서도 항성으로부터 아주 먼 거리에 있는 행성을 목표로 삼아야 한다. 다시 말해, 이 관측법은 제2의 지구를 찾는 데 그다지 좋은 선택이 아니다.

두 번째 관측법은 시선속도 측정법으로, 항성과 행

성으로 이루어진 전체 계의 질량중심점과 항성의 정중앙 지점이 정확하게 일치하지 않는다는 사실을 토대로 만들어졌다. 지구의 공전궤도 정중앙에 태양이 있다고 생각하기 쉽지만, 실제로는 그렇지 않다. 크기와 질량이 똑같은 2개의 천체가 서로 공전하고 있다고 상상해보자. 이 천체들은 둘 사이의 가운데 지점을 중심으로 회전할 것이고, 우리는 그 지점을 질량중심점이라고 부른다. 그러다 둘 중 하나가 점점 무거워진다면 이 무거워진 천체는 더욱 강력한 중력으로 상대방을 잡아당길 것이다. 이때 이 천체 구조의 질량중심점은 무거운 천체 쪽으로 이동하게 된다. 태양은 태양계의 다른 행성들에 비해 굉장히 무거우므로 태양계의 질량중심이 태양 내부 어딘가에 있기는 하겠지만 완벽히 정중앙에 있지는 않다. 왜냐하면 태양 자체도 태양계의 질량중심점을 기준으로 끊임없이 회전하면서 흔들리고 있기 때문이다. 사실, 행성을 가진 항성들은 모두 그렇다. 그래서 행성의 궤도 위에서 보면 항성이 흔들리면서 더 가까워질 때도 있고 멀어질 때도 있다. 이렇게 흔들리는 현상으로 인해 항성이 내뿜는 빛은 그 파장이 압축되거나 늘어나면서 스펙트럼상 더욱 적색이 되거나 청색이 되며(허블이 지구에서 멀어지는 은하의 별빛을 관측했을 때와 같은 방법이다), 이렇게 빛이 변화하는 현상을 추적함으로써 항성이 흔들리는 속도를 계산할 수 있다.

그 속도에 간단한 공학 수학을 적용하면 이 항성을 공전하는 행성의 질량과 둘 사이의 거리를 알 수 있다. 항성이 흔들리는 속도는 그 항성을 중심으로 회전하는 행성 때문에 반복적으로 변화하며, 이를 통해 우리는 외계행성의 발견을 확신하게 된다. 그러나 직접 촬영법과 마찬가지로 시선속도 측정법 역시 어떤 별을 대상으로 분석하느냐에 따라 결과에 편차가 있다. 행성이 클수록 항성의 속도 변화 역시 더 커지기 때문에 행성의 크기에 영향을 많이 받고, 무엇보다 반복적인 속도 변화로는 항성과 가까이 있으면서 더 빠른 속도로 공전하는 행성을 찾기가 더 쉽다. 즉, 공전주기가 며칠 또는 몇 주밖에 되지 않는 외계행성은 시선속도 측정법으로 비교적 수월하게 발견할 수 있다. 하지만 지구처럼 공전주기가 1년인 외계행성을 추적하려면 그 행성이 돌고 있는 항성의 반복적인 속도 변화를 확인하기 위해 최소한 2년 이상의 시간을 들여 관찰해야 한다.

1995년에 페가수스자리 51 b를 발견했을 때도 시선

속도 측정법을 사용했다. 목성과 비슷한 크기에 태양과 비슷한 항성을 4일 주기로 공전하는 페가수스자리 51 b는 우리가 발견하기에 가장 좋은 조건을 가진 행성이다. 외계행성계의 골디락스(너무 차갑지도 뜨겁지도 않은 이상적인 상태를 가리킨다. 영국 동화 〈골디락스와 곰 세 마리〉의 주인공 소녀 골디락스는 우연히 곰 가족의 집에 들어가 뜨거운 스프, 차가운 스프, 적당한 온도의 스프 중 적당한 것을 찾아 맛있게 먹는데, 여기서 유래한 표현이다-옮긴이)라고나 할까? 페가수스자리 51 b는 그 크기가 적당한 데다가 공전하는 항성 역시 너무 크지 않고, 공전주기도 길지 않다. 이 모든 조건들과 이전에 비해 훨씬 섬세해진 우주망원경의 조합은 페가수스자리 51 b를 발견할 수 있는 가능성을 한껏 높여주었다. 이 행성으로 인해 그 옆에 있던 항성은 초속 70미터 속도로 흔들린다. 태양계의 경우, 목성은 태양을 초속 13미터 속도로 흔들고 지구는 겨우 초속 9센티미터로 흔든다. 페가수스자리 51 b와 비교하면 굉장히 작은 움직임이라고 할 수 있으며, 우리는 최근에야 이런 미세한 움직임을 제대로 포착할 수 있게 됐다.

마지막 방법은 외계행성을 추적하는 데 가장 성공적

으로 사용되고 있는 천체면 통과 관측법이다. 이 방법은 행성이 항성 앞을 지나갈 때 이 행성 때문에 항성의 빛이 가려져 밝기가 약해지는 현상을 이용한 것이다. 충분히 오랜 시간 동안 관측한다면 행성이 공전하며 항성의 앞을 여러 번 지날 것이고, 그로 인해 우리가 관측하는 별빛도 조금 어두워졌다가 다시 밝아지기를 반복할 것이다. 따라서 이 관측법을 이용할 때는 오직 밤하늘의 어느 한 곳을 바라보며 그곳에 수놓인 모든 별들의 밝기를 지속적으로 관측하고 기록한 다음, 나중에 그 데이터들을 전부 분석해서 빛의 세기가 약해졌던 별이 없었는지 찾아내기만 하면 된다. 이것이 바로 2009년부터 2018년까지 케플러 우주망원경이 수행한 작업이다. 심지어 그 당시 과학자들은 컴퓨터가 데이터를 분석하는 과정에서 놓쳤을지도 모를 별빛을 찾아내기 위해 아마추어 관측자들에게 도움을 요청하기도 했다. 실제로 아마추어 관측자들은 신호 형태가 특이해서 컴퓨터로 찾지 못했던 한 항성 주위를 회전하는 행성 7개를 발견해냈다. 지난 수년 동안 이 천체면 통과 관측법으로 찾은 외계행성은 4,000개가 넘는다(시선속도 측정법으로는 456개, 직접 촬영법으로는 겨우 19개밖에 찾지 못했다).

이 관측법 또한 대상에 따라 결과에 편차가 있다. 행성의 크기가 클수록 항성의 빛을 더 많이 가리기 때문이다. 천체면 통과 관측법으로 발견한 첫 번째 행성은 자기 항성이 내는 빛의 밝기를 1.7퍼센트나 감소시켰다. 하지만 지구 크기의 행성이 태양 크기의 항성을 가릴 경우에 낮출 수 있는 빛의 밝기는 겨우 0.008퍼센트에 불과하다. 더불어 행성이 항성과 가까울수록 항성이 내는 빛의 밝기는 더 자주 변화할 것이며, 그러면 우리는 더욱 수월하게 그 행성을 발견할 수 있다. 즉, 천체면 통과 관측법은 크기가 크고 항성과 가까이 있는 행성들을 발견하는 데 더 유리하다. 이 관측법으로 찾아낸 4,000여 개의 외계행성들은 대부분 지름이 크고 항성에 바짝 붙어 뜨거운 목성형 행성들이다. 그래서 우리은하에 있는 행성들 중 상당수가 목성형 행성일 것이라고 착각하게 만든다.

이 모든 관측법들을 통해 우리는 온도가 굉장히 높고(항성과 가깝다는 뜻이다) 지구보다는 해왕성이나 목성의 크기와 비슷한 커다란 행성을 많이 발견했다. 그렇지만 그동안 우리의 관측 기술은 계속 발전해왔으며, 외계행성 추적

임무도 꽤 오랜 기간 동안 진행되어왔다. 그 결과 '지구와 가장 비슷한 행성'이라는 이름표를 붙여줄 만한 괜찮은 후보 행성들을 얻을 수 있었다. 그러나 이러한 성과에 기뻐하기에 앞서 이 이름표가 실제로 어떤 의미인지를 생각해보아야 한다. 이것은 '지구와 비슷한 크기의 행성'이라는 뜻일 수도 있고, '지구처럼 공전주기가 1년인 행성' 또는 '항성과의 거리가 지구와 비슷한 행성'이라는 뜻일 수도 있다. 만약 '지구처럼 생명체가 살 수 있는 행성'을 찾고자 한다면, 안타깝게도 현재까지 발견된 지구와 크기나 질량이 비슷한 외계행성들은 대부분 항성과 너무 가까이 있어서 생명체가 존재하기 어렵다.

그렇다고 해서 희망이 아예 없는 것은 아니다. 우리가 발견한 외계행성 중에는 케플러-438b Kepler-438b 같은 것도 있다. 이 행성은 지구와 크기가 굉장히 비슷한데, 공전주기가 고작 35일이고 항성과 매우 가까운 거리에 위치해 있다. 하지만 다행히도 이 항성이 태양보다 훨씬 작고 온도도 낮아서, 케플러-438b의 지표면 평균 온도는 섭씨 3도에 불과하다. 우주선을 타고 지구를 떠나서 가볼 만한 행성을 확실하게 찾은 셈이다. 문제는 케플러-438b가 지구로부터 470광년 떨어진 곳에 있다는 점이다. 1광년이 약 9조 4,670억 킬로미터이니, 케플러-438b와 지구 사이의 거리는 약 4,450조 킬로미터 정도 된다. 빛의 속도로 가더라도 수백 년이나 걸리는 데다, 현재 우리의 우주과학 기술로는 그 속도를 흉내조차 낼 수 없다. 만일 그곳까지 이동할 수 있는 능력이 있다 해도 우리의 손자의 손자의 손자도 이 행성에 발을 딛지 못한다는 이야기다. 게다가 이 행성에서 무엇이 발견될지 누가 알겠는가? 어쩌면 케플러-438b를 고향이라고 부르는 전혀 다른 종족들이 이미 그 별에서 살고 있을지도 모른다.

그동안 우리의 관측 기술은 계속 발전해왔으며,
외계행성 추적 임무도 꽤 오랜 기간 동안 진행되어왔다.
그 결과 '지구와 가장 비슷한 행성'이라는 이름표를
붙여줄 만한 괜찮은 후보 행성들을 얻을 수 있었다.
그러나 이러한 성과에 기뻐하기에 앞서 이 이름표가
실제로 어떤 의미인지를 생각해보아야 한다.

일곱 번째 지식

밤하늘은
왜 어두울까?

고대 그리스부터 20세기에 이르기까지 1,000년이 넘는 시간 동안 수많은 철학자들과 물리학자들, 천문학자들은 '밤하늘은 왜 어두울까?'라는 질문을 계속해서 던져왔다. 하지만 이 질문을 대중들에게 널리 알린 것은 독일의 천문학자 겸 물리학자인(그리고 의사이기도 한) 하인리히 올베르스였다. 과거의 많은 사람들이 밤하늘이 어두워지는 현상 자체를 설명하려고 애썼던 것과는 달리, 그는 자신의 이름을 딴 가설을 내놓았다. 그것이 바로 '어두운 밤하늘의 역설'이라고도 불리는 '올베르스의 역설Olbers' paradox'이다. 어쩌면 '밤하늘은 왜 어두울까?'라는 질문을 듣자마자 여러분의 머릿속에는 '그야 해가 졌기 때문이지'라는 대답이 떠올랐을지도 모른다. 하지만 과연 정말 그럴까? 지구가 자전축을 기준으로 회전하여 낮 동안 빛을 비추며 에너지를 선사해준 거대한 빛의 공으로부터 고개를 돌려 다른 쪽을 향하더라도, 눈앞에는 다시 셀 수 없이 많은 별들이 자리하고 있을 것이다. 이 별들이 우리에게서 멀어지고 있다고 해도, 우주에는 더 많은 별들이 존재한다. 우리의 태양이 초라하게 보일 만큼 많은 별들이 말이다. 따라서 이 질문에 답을 찾는 일은 생각보다 훨씬 심오하고 우리가 살고 있는 우주의 본질에 관한 통찰력을 심어준다.

우선 이전 세대 사람들이 우주를 어떻게 생각했는지 살펴보자. 하늘 위에서는 태양과 달, 행성들과 별들이 뜨고 지기를 반복한다. 이것은 변함없이 일어나는 일이었고, 사람들도 이 사실을 잘 알고 있었다. 이러한 관측을 토대로 우리 조상들은 우주에 관해 다음과 같은 결론을 내렸다.

1) 우주의 모습은 어느 방향에서나 동일하다. 밤하늘 어느 곳에서든 별이 보이기 때문이다(이를 '균일한 우주homogeneous universe'라고 부른다).
2) 우주는 변하지 않으며 영원히 같은 상태를 유지한다. 시간이 흐르고 해가 바뀌어도 밤하늘은 그대로이기 때문이다(이를 '정적인 우주static universe'라고 부른다).
3) 우주는 무한하다. 수세기 동안 망원경이 계속

발전하면서 하늘에서 관측되는 별들의 숫자도 점점 늘어났기 때문이다.

이와 같은 이야기들이 전부 사실이라면 우리가 어느 방향으로 관찰하든 우주의 모든 공간에서 언제나 별들이 균일하게 보여야만 한다. 보름달이 뜬 밤에 하늘을 향해 한 쪽 팔을 쭉 뻗어보자. 엄지손가락을 치켜들고 위치를 잘 맞추면 엄지손톱으로 그 달을 가릴 수 있을 것이다. 물론 우리 모두 달이 엄지손톱보다 훨씬 크다는 사실을 알고 있다. 엄지손톱을 대충 지름 1.5센티미터의 원이라고 한다면, 실제로는 엄지손톱이 50,000,000,000,000,000(5경)개는 있어야 달의 지표면을 가릴 수 있을 것이다. 그런데도 지구의 땅 위에 서서 들어올린 엄지손톱 하나로 달 전체가 가려지는 것은 원근법 때문이다. 만약 쭉 뻗은 팔의 길이가 두 배 늘어난다면 보름달 전체를 가리기 위해 엄지손톱 4개가 필요할 것이다. 여기서 팔 길이가 두 배 더 늘어난다면 엄지손톱 16개가 있어야 한다.

이번에는 엄지손톱에서 빛이 난다고 가정해보자. 이 빛나는 엄지손톱은 우리 눈에 가까울수록 더 밝게 보이고 멀어질수록 어두워 보인다. 이는 우리가 일상에서 흔히 겪을 수 있는 현상으로, 늦은 밤 길을 건널 때 자동차의 헤드라이트 불빛의 밝기를 보고 그 차가 어디쯤 있는지 가늠할 수 있는 것을 떠올리면 이해하기 쉬울 것이다. 천문학자들은 빛과 멀어질수록 그 밝기가 약해진다는 사실을, 더 정확하게는 빛의 밝기가 거리의 제곱에 반비례한다는 사실을 이미 오래전부터 알고 있었다. 빛과의 거리가 두 배 멀어지면 빛의 밝기는 4분의 1로 줄어들고, 세 배 멀어지면 9분의 1로 줄어들며, 열 배 멀어지면 100분의 1로 줄어든다.

그렇다면 팔이 늘어나는 동시에 엄지손톱에서 빛이 난다고 해보자. 팔이 두 배 길어진 상태로 보름달을 가리려면 엄지손톱 4개가 있어야 하지만, 동시에 엄지손톱의 밝기는 4분의 1로 줄어든다. 밝기가 4분의 1로 약해진 엄지손톱이 4개 있으면 결국 팔이 늘어나지 않았을 때의 엄지손톱 1개와 동일한 밝기의 빛을 내는 셈이다. 이는 팔의 길이가 100배 늘어나더라도 마찬가지다. 그 끝에 엄지손톱 1만 개가 있다고 해도 그 빛의 밝기가 1만 분의 1로 약해지기 때문에, 맨 처음 엄지손톱 하나의 밝기와 같아진다. 팔 길이가 무제한으로 늘어나고 엄지손톱의 개수가 무한정 많아지더라도 우리가 볼 수 있는 빛의 세기는 똑같다는 뜻이다.

조금 허술해 보일 수도 있겠지만 나는 이 '빛나는 엄지손톱' 비유법을 좋아한다. 빛나는 엄지손톱에 하나의 별을, 팔 한쪽 길이에 1광년을 대입해서 상상해볼 수 있기 때문이다. 굉장히 멀리 떨어진 거대한 천체를 다룰 때도 빛나는 엄지손톱 비유법의 원리가 적용된다. 어느 날 내가 밤하늘의 한 구역에서 1광년 거리에 있는 별 하나를 발견한다면, 같은 구역의 밤하늘에서 2광년 거리에 있는 별 4개를 떠올리고 그 별빛의 세기는 저 별의 4분의 1 정도일 것이라고 유추할 수 있다.

이제는 밤하늘 전체를 떠올려보자. 우주는 균일하고 등방等方하며 무한하다. 따라서 우리가 바라보는 밤하늘의 거리가 1광년씩 멀어지더라도 어느 방향이든 상관없이 언제나 동일한 밝기의 별빛을 마주하게 된다. 1광년 거리에 있는 별 하나와 같은 밝기로 말이다. 그렇게 무한한 거리에 있는 수많은 별들의 빛이 모두 모인다면 결과적으로 밤하늘은 눈이 멀어버릴 만큼 밝아질 것이다! 하지만 우리 모두가 알다시피 밤하늘은 어둡다. 도대체 왜 그런 걸까? 19세기 미국의 시인 겸 소설가 에드거 앨런 포가 남긴 여러 글 중 하나에는 다음과 같은 대목이 나온다.

> 우주에 별이 무한하게 존재한다면 밤하늘은 마치 은하처럼 균일한 광도로 보일 것이다. 밤하늘의 어느 지점을 보더라도 별이 없는 곳이 없을 테니 말이다. 그러므로, 실제로 우리가 망원경을 통해 우주를 관찰할 때 별이 없는 빈 공간이 무수히 많이 발견되는 것을 이해하려면 우주 공간이 무척이나 광활하고 그 공간은 너무 멀리 있어 그곳에 있는 천체의 빛이 아직 우리에게 도달하지 못했다고 가정하는 수밖에 없다.✦

포는 밤하늘이 어두운 이유를 단 하나로 설명했다. 바로 우주의 나이가 유한하다는 것이었다. 그는 우주의 탄생을 기점으로 우주에도 나이가 있을 거라 생각했다(빅뱅

✦ 에드거 앨런 포가 1848년에 펴낸 산문시집 《유레카: 산문시Eureka: A Prose Poem》 중 일부. 이 책은 포가 '우주진화론'이라는 제목으로 2시간 동안 강의한 내용을 산문시 형태로 정리한 것이다.

이론이 발표되기 훨씬 전의 이야기다-옮긴이). 앞서 열거했던 우주에 대한 세 가지 가설 뒤에 이 의견을 추가하고 천체의 빛들이 유한한 속도로 우리에게 달려온다고 가정한다면, 우리는 우주의 탄생 후 지구에 도달할 수 있을 만큼 시간이 충분했던 천체의 빛들만 볼 수 있다는 사실을 알 수 있다. 이제 우주가 138억 년 전의 빅뱅으로 탄생했다는 사실과 빛이 우리에게까지 오는 데 시간이 걸린다는 사실을 알고 있는 우리는 '관측 가능한 우주' 외에는 어떤 별도 볼 수 없다는 진실을 깨닫게 된 것이다.

빅뱅 이론을 통해 우리가 알게 된 또 하나의 사실은 우주가 유한하다는 것이다. 좀 더 정확히 말하자면, 우주의 크기는 유한하다. 그래서 빛이 우리에게 도달할 때까지 시간이 걸릴 뿐 아니라 우주를 향해 일직선으로 나아가면 언젠가는 그 끝에 다다르게 된다. 따라서 별은 무한히 존재하지 않고 밤하늘도 환해질 수 없다.

우주 자체가 팽창하면서 그 크기가 꾸준히 커지고 있다는 사실도 잊지 말아야 한다. 우주가 팽창하면 그 공간을 가로질러 날아오는 빛의 파장이 늘어나게 된다. 빛이 먼 곳을 향해 이동할수록, 그 빛은 스펙트럼상 더욱 빨간색으로 변한다. 앞서 다룬 허블의 은하나 우리에게서 멀어지는 방향으로 흔들리는 태양의 경우처럼 말이다. 하지만 우주가 너무 빠른 속도로 팽창하는 바람에, 우리 눈으로 관측 가능한 선에서 가장 멀리 있는 별이 발하는 빛의 파장은 가시 영역을 넘어 적외선이나 마이크로파로 바뀌게 된다. 이러한 파장들은 인간의 눈에 보이지 않기 때문에 우리가 별빛들으로 가득 차서 환해진 밤하늘을 볼 수 있는 가능성은 사실상 전혀 없다.

이제 우주가 138억 년 전의 빅뱅으로
탄생했다는 사실과 빛이 우리에게까지
오는 데 시간이 걸린다는 사실을 알고 있는 우리는
'관측 가능한 우주' 외에는 어떤 별도
볼 수 없다는 진실을 깨닫게 된 것이다.

여덟 번째 지식

아마도 외계인은 있을 것이다

✦

만약 여러분이 천문학자이고 사람들이 그것을 알게 된다면 그들 중 열에 아홉은 외계인에 대해 물을 것이다. 구체적으로는 저 드넓은 우주 어딘가에 인간과 비슷한 지적 생명체가 정말 존재하는지 궁금해할 것이다. 개인적으로 이 질문은 천문학자보다는 철학자에게 던지는 편이 낫다고 생각한다. 게다가 내가 연구 중인 '블랙홀이 은하에 미치는 영향'에 관한 지식으로는 인류가 오랫동안 품어온 이 커다란 물음표에 아무런 답도 해줄 수가 없다. 하지만 사람들이 외계인이 존재하느냐고 물어오면, 나는 이렇게 대답한다.

우리 지구는 하나의 은하를 구성하고 있는 수천억 개의 별들 중 하나를 공전하고 있는 한 행성이다. 그래서 어쩌면 생명체가 존재할 확률이 수천억 분의 1에 불과하다고 생각할지도 모른다. 하지만 꼭 그렇지는 않다. 우리 태양은 꽤 좋은 조건을 지닌 항성이기 때문이다. 태양은 너무 차갑지도, 너무 뜨겁지도 않다. 에너지 활동도 과하지 않고 에너지 생성량이 너무 들쑥날쑥하지도 않다. 항성들 중에서는 작은 축에 속하며 수명도 매우 길다. 모든 항성이 태양과 같은 것은 아니다. 항성의 크기가 클수록 에너지를 더 많이 소모하며, 반대로 아주 작은 항성들은 그보다 훨씬 느린 속도로 적은 양의 수소 연료를 소모한다. 따라서 어느 항성을 공전하는 행성에 인간과 같은 지적 생명체가 살기 위해서는 그 항성의 수명이 태양만큼 길어야만 한다.

우주 어딘가에 이런 조건을 가진 별이 존재하는지 알아보려면 먼저 태양의 나이와 지구에 지적 생명체가 탄생하기까지 얼마나 오랜 시간이 걸렸는지부터 밝혀내야만 한다. 그러기 위해서는 태양이 가지고 있는 전체 에너지 양을 알 필요가 있다. 항성들은 수소 원자 4개(각각 양성자를 1개씩 지니고 있다)를 헬륨 원자 1개(양성자 2개와 중성자 2개를 지니고 있다)로 변환하는 핵융합 과정을 통해 스스로 연료를 공급받는다. 그런데 헬륨 원자 1개의 질량은 수소 원자 4개의 질량을 합한 것의 1,000분의 7밖에 되지 않는다. 그렇다면 나머지 질량은 어디로 사라진 것일까?

아인슈타인이 만든 공식 중 가장 유명한 $E=mc^2$에 대해서는 여러분도 들어본 적이 있을 것이다. 여기서 E는 에너지energy, m은 질량mess, 그리고 c는 빛의 속도celerity를 의미한다. 이 공식은 가장 핵심적인 물리법칙들 중 하나인 질량-에너지 등가원리mass-energy equivalence principal를 아주 멋지게 뒷받침해준다. 이 원리에 의하면 질량과 에너지는 근본적으로 같다. 따라서 태양 속 수소 원자 4개가 헬륨 원자 1개로 바뀌면서 줄어든 질량은 '사라진 것'이 아니라 에너지로 전환된 것이다. 이 에너지가 바로 우리 지구에게 따스함을 선사하는 햇빛으로, 생명을 번성시키고 농작물을 자라게 하며 많은 사람들이 해변에서 휴가를 즐길 수 있도록 만들어주었다.

만일 태양의 크기를 측정하고 그 내부에 수소가 얼마나 들어 있는지 알아낸다면, 이를 통해 태양이 얼마나 무거우며 얼마나 많은 에너지를 가지고 있는지 밝혀낼 수 있다. 그러기 위해서는 먼저 수소 원자를 헬륨 원자로 만들 만큼 뜨거운 부분은 태양 내부 중 10퍼센트뿐이며 태양 전체가 헬륨으로 바뀌지는 않는다는 점을 고려해야 한다. 그러므로 태양의 중심부에서 에너지로 전환되는 질량이 얼마나 되는지를 파악한 후 그 값으로 태양의 광도, 다시 말해 태양이 1초당 내뿜는 에너지의 양을 계산한다. 그러면 태양이 보유한 연료로 앞으로 얼마 동안 에너지를 생성해낼 수 있는지도 알 수 있다. 이 모든 측정값들을 종합한 끝에 우리는 태양의 총수명이 약 100억 년 정도라는 사실을 알게 됐다.

다음으로, 지구에 떨어진 소행성에 방사성 탄소 연대 측정법(탄소의 방사성 동위원소를 이용해 물체의 절대연령을 측정하는 방법-옮긴이)을 적용하면 태양이 형성된 이후 얼마나 오랫동안 에너지를 생성해왔는지 알아낼 수 있다. 이 소행성들은 태양이 만들어졌던 태양계 초기 시절의 유물이다. 가장 오래된 소행성의 나이를 토대로 학계에서는 현재 태양의 나이가 47억 년쯤 됐을 것이라 보고 있다. 태양은 지금까지 전체 수명의 절반 정도를 산 셈이다. 과학자들은 태양계의 행성들이 형성되기까지 약 1억 년이 걸렸고, 그 후로 약 5억 년이 더 지나고 나서야 초기 지구에 생명체(박테리아처럼 아주 단순한 생명체)가 생기기 시작했다고 추정하고 있다. 그리고 이 생명체가 진화를 거듭해 지구를 넘어 우주를 인지하고 외계 생명체의 존재에 대한 질문을 떠올릴 수 있을 만큼 지적인 생명체가 되는 데는 40억 년에 가까운 시간이 걸렸다.

따라서 태양보다 질량이 두 배 정도 큰 항성들은 생명체를 보유할 수 있는 별 후보에서 제외된다. 에너지를 너무 빨리 태워 소진해버리기 때문이다. 태양보다 크기가 작고 차가운 항성의 경우에는 그 주위를 도는 행성들이 생명체가 살기에 적합한 온도를 갖추려면 항성에 가까이 다가가야 한다. 그러나 항성에 가까워질수록 행성의 대기가 너무 뜨거워지거나 자전속도가 매우 느려질 위험이 있다. 예를 들어 금성은 자전속도가 너무 느려서 하루(해가 떴다가 지고 다시 떠오르기까지 걸리는 시간)가 1년(태양을 한 바퀴 공전하는 데 걸리는 시간)의 두 배에 이른다. 만일 이런 금성에 생명체가 거주한다면 1년 내내 강렬한 열기가 쏟아지는 한낮의 태양 아래에서 살거나 태양 반대편의 어둠 속에서 추위에 떨며 살아야 할 것이다.

그러니까 어쩌면 크기가 적당하고 수명도 충분히 길면서 행성과의 거리까지 알맞은 별 하나를 발견하기 위해 수천억 개가 아니라 수조 개의 별을 더 살펴봐야 할지도 모른다. 게다가 우리는 태양이 우리은하 내에서 어느 지점에 있는지도 고려해야 한다. 태양은 우리은하의 나선팔spiral arms(나선은하의 별이나 가스가 중심부에서 바깥을 향해 소용돌이 모양으로 뻗어 나오며 분포하는 구조-옮긴이) 가장자리에 위치하되 은하간 공간intergalactic space에 너무 근접하지는 않다. 그렇다고 우리은하의 중심을 차지한 채 엄청난 양의 복사를 방출하고 있는 초대질량 블랙홀과 너무 가까이 있지도 않다. 이와 같은 '골디락스 존(거주 가능 지역habitable zone이라고도 한다)' 안에 들어오지 못한 항성들 주위의 행성에서는 블랙홀이 방출하는 복사 때문에 어떤 생명체도 존재할 수 없다.

어떤 행성에서 지적 생명체가 살아가려면 생명체 형성에 필요한 분자 구성 물질들, 가령 탄소 사슬carbochain이나 물, 아미노산 등이 갖춰져 있어야 한다. 이 모든 물질들 속에는 우주가 형성될 때 만들어진 탄소나 산소, 질소와 같은 원소들이 들어 있다. 태양보다 큰 항성들은 빠른 속도로 밝게 타오르다가 결국 폭발하고 마는데, 이것을 '초신성 폭발'이라고 부른다. 항성은 핵융합 과정을 반복하며 헬륨 원자 3개로 탄소를, 헬륨 원자 4개로 수소를 만들고 철 원소에 이르기까지 계속해서 다양한 원소를 탄생시킨다. 그리

금성은 자전속도가 너무 느려서

하루가 1년의 두 배에 이른다.

만일 이런 금성에 생명체가 거주한다면

1년 내내 강렬한 열기가 쏟아지는

한낮의 태양 아래에서 살거나

태양 반대편의 어둠 속에서

추위에 떨며 살아야 할 것이다.

고 초신성 폭발과 함께 이 모든 원소들을 우주로 퍼뜨린다. 이 죽은 별의 잔해물들이 있는 우주의 어딘가에서 새롭게 태어난 별이어야만 생명체가 살 수 있다. 생명에 필요한 탄소와 수소, 질소와 같은 원소들이 존재하기 때문이다. 그러면 생명체가 있는 별이 존재할 확률은 대략 1,000조 분의 1로 더 줄어든다.

적당한 위치에 적당한 조건의 항성이 만들어지고 생명체에 필요한 구성 원소를 갖춘 행성까지 형성됐다면, 이제 그 행성은 너무 뜨겁지도 차갑지도 않은 온도를 유지할 수 있는 공전궤도에 자리를 잡아야 한다. 뿐만 아니라 이 궤도가 그대로 유지되어야 한다. 궤도는 당연히 변하지 않는다고 생각할 수도 있겠지만, 항성 주위에 형성된 행성들의 움직임을 시뮬레이션해보면 공전궤도를 유지하지 못하고 항성이 있는 방향으로 끌려가는 경우가 많다. 이 현상은 목성처럼 커다랗고 온도가 높은 외계행성들이 어떻게 형성될 수 있었는지를 설명해준다. 사실 우리은하 안에 목성 크기의 뜨거운 행성들이 상당히 많다는 점을 고려해보면, 태양과의 거리가 지구보다 먼 우리 태양계의 목성은 아주 특이한 존재다. 이것은 토성 때문이다. 토성과의 인력 덕분에 목성은 태양 쪽으로 끌려가지 않고 다른 행성들의 공전을 방해하지 않을 수 있었다. 만일 토성이 없었다면 지구는 목성에 의해 진로를 방해받고 소중한 골디락스 존에서 이탈하거나 아예 태양계 밖으로 튕겨져 날아가버렸을지도 모른다. 우리가 처한 이 특수한 상황까지 고려한다면 생명체가 존재하는 별을 찾을 확률은 100경 분의 1로 더 희박해지지 않을까?

100경이란 1 뒤에 0이 무려 18개나 달린 어마어마한 숫자다. 이 숫자를 생각하면 별이 '고작' 수백억 개밖에 없는 우리은하에서 생명체가 사는 행성을 찾을 확률은 무척이나 적어 보인다. 하지만 우주에는 우리은하만 있는 것이 아니다. 하늘 위를 들여다보면 사방에 수십억 개의 별들로 이루어진 섬들이 펼쳐져 있다. 이 은하들은 모양도 크기도 다양하다. 나선형 은하와 타원형 은하, 방울이나 바늘 모양 은하, 마구잡이로 복잡하게 생긴 것도 있고, 심지어는 펭귄 모양의 은하도 있다. 우주에 얼마나 많은 은하가 있는지 그 수를 세어보는 일은 물리적으로 불가능에 가깝다. 은하가 너무 많은 데다가, 설사 그 수를 다 헤아렸다 하더라도 우리가 모든 은하를 찾아냈다고 확신할 수 없기 때문이다.

그러나 (그 유명한) 허블 우주망원경으로 약 10년 전에 찍은 우주 사진을 활용하면 이 물리적 한계를 줄일 수 있다. 당시 천문학자들은 하늘에서 가장 어두운 구역인 남반구의 화로자리Fornax 부근을 허블 우주망원경으로 찍어 보기로 결정하고, 가로와 세로가 각각 2각분arcminute인 정사각형 모양의 구역을 촬영했다. 여기서 '각분'은 망원경으로 하늘을 촬영할 때 사용하는 아주 흥미로운 단위다. 1각분은 1도를 60으로 나눈 것이고, 이 1각분을 다시 60으로 나누면 1각초arcsecond가 된다. 전체 하늘이 360도인 것을 고려하면 2각분이 얼마나 작은 값인지 짐작할 수 있을 것이다. 2각분은 밤하늘에 뜬 보름달 크기의 5퍼센트에 불과하다. 천문학자들은 이 자그마한 구역에서 무엇을 발견할 수 있을지 알 수 없었다. 그런데 최근에 이 구역을 촬영한 사진에서 4개의 항성이 발견됐고, 은하의 수는 자그마치 5,000개에 달했다. 근거리에 있는 아름다운 나선은하부터 멀리 떨어진 은하까지 모두 이 작은 점 하나에서 관측된 것이다.

이렇게 확인된 은하의 수를 하늘 전체 영역에 적용해보면, 우주에 존재하는 은하의 수가 최소 1,000억 개는

될 것이라 추정할 수 있다. 그런데 이 사진은 밤하늘에서 가장 어두운 구역을 촬영한 것이라는 사실을 기억하자. 이를 감안하면 다른 구역에는 훨씬 많은 은하들이 존재할 것이 분명하므로(게다가 보이지 않을 만큼 흐릿한 은하들도 있을 것이다) 1,000억의 뒤에 0을 몇 개 더 붙여야 한다. 그러니 전체 우주에 있는 은하의 수를 대략 수조 개 정도라고 해보자. 여기에 은하마다 별이 약 1,000억 개씩 있기 때문에, 결과적으로 우주에는 최소 1,000해(10의 23제곱) 개의 별들이 존재하는 셈이다. 그러니까 우주에 있는 별의 개수만 100,000,000,000,000,000,000,000개인 것이다. 따라서 만일 별 100경 개 중 하나에 생명체가 존재하고 온 우주에 적어도 1,000해 개의 별이 있는 거라면, 이 광활한 공간 속에 지적 생명체가 자라기 좋은 환경을 갖춘 행성의 수는 약 10만 개가 된다.

천체물리학자들은 어떻게 이런 엄청난 숫자들을 항상 접하고 생각할 수 있는지 물어보는 사람들이 종종 있다. 도대체 우리는 어떻게 우주의 어마어마한 규모에 압도되지 않고, 그에 비하면 너무나 보잘것없는 인간의 존재를 불안해하지 않으면서 하늘을 올려다볼 수 있는 것일까? 우선,

일상생활을 할 때는 멈춰 서서 그런 생각을 할 만한 시간이 없다. 연구실이나 집, 혹은 기차에서 자료들을 공부하고 정리하느라 바쁘기 때문이다. 광활한 밤하늘 가운데 수많은 별들이 흩뿌려진 은하수를 바라볼 때 내가 느끼는 감정은 불안함이 아니다. 무한함이다. 저 하늘 너머에 무한한 가능성들이 존재하고, 나 역시 그중 일부가 될 수 있을 것만 같은 기분이 든다. 우주의 크기는 나를 두렵게 만드는 대신 흥분시킨다. 마치 흥미진진한 모험 소설 속 주인공이 되어 이제 막 고향을 떠나 넓은 세상을 향해 나아가는 것 같다. 하늘을 올려다보고 저 바깥에 있을 엄청난 수의 별들을 떠올릴 때마다 '삶'이라는 게임에 참여한 행성이 우리 지구 말고도 더 존재할 수밖에 없다는 생각이 나를 전율케 한다.

전체 우주에 있는 은하의 수를
대략 수조 개 정도라고 해보자.
여기에 은하마다 별이
약 1,000억 개씩 있기 때문에,
결과적으로 우주에는
최소 1,000해(10의 23제곱) 개의
별들이 존재하는 셈이다.
그러니까 우주에 있는 별의 개수만
100,000,000,000,000,000,000,000개인 것이다.

아홉 번째 지식

‘닭이 먼저냐, 달걀이 먼저냐’의 기원

닭이 먼저냐, 아니면 달걀이 먼저냐? 다윈의 진화론 덕분에 이 문제에는 확실히 답할 수 있다. 바로 달걀이다. 아직 닭이 아니었던 두 마리의 새가 만나 낳은 알 말이다. 그런데 천문학자들에게는 이보다 훨씬 재미있는 질문이 하나 있다. 은하가 먼저일까, 아니면 블랙홀이 먼저일까?

앞서 언급했듯이 우리는 전체 항성계의 사령부인 모든 은하의 중심에 초대질량 블랙홀이 있다고 추정한다. 그렇다면 블랙홀이 먼저 형성된 후 이 '중력 흡입기' 주변에 은하가 만들어진 것일까? 아니면 은하가 먼저 형성된 다음, 그 은하의 어떤 별이 초신성으로 변했다가 작은 블랙홀이 됐고, 그것이 조금씩 커지다 보니 은하에서 가장 무거운 천체가 되어버린 바람에 은하의 중심부까지 가게 된 것일까?

빅뱅이 일어난 후 초기 우주에서 발생한 일이기 때문에 이는 답하기 어려운 질문처럼 여겨질 수도 있다. 하지

블랙홀이 먼저 형성된 후
이 '중력 흡입기' 주변에 은하가 만들어진 것일까?
아니면 은하가 먼저 형성된 다음, 그 은하의
어떤 별이 초신성으로 변했다가 작은 블랙홀이 됐고,
그것이 조금씩 커지다 보니 은하에서
가장 무거운 천체가 되어버린 바람에
은하의 중심부까지 가게 된 것일까?

만 우리는 초기 우주의 은하와 빅뱅의 잔재를 관찰할 수 있으므로 그리 불가능한 일도 아니다. 빅뱅 직후에는 전체 우주의 크기가 지금에 비해 훨씬 작았고, 그래서 우주의 모든 질량이 아주 작은 부피 속에 밀집되어 있었다. 그렇다 보니 입자들 사이의 밀도가 매우 높고 입자들의 활동량도 훨씬 많았다. 입자들은 작은 공간 안에서 서로 계속해서 충돌했다. 다시 말해, 대폭발 때 생긴 이 커다란 입자 주머니가 굉장히 뜨거웠다는 것이다. 너무 뜨거워서 대폭발이 일어나고 몇 초가 흐른 뒤에야 양성자가 탄생했다. 몇 초라니 무척 짧은 시간인 것 같지만 그 안에 아주 많은 일들이 일어났다.

양성자가 더 작은 입자인 쿼크에 의해 형성되기 전, 우주는 급격히 팽창하면서 10의 33제곱 분의 1초 만에 10의 26제곱 배로 더 커졌다. 이 현상을 인플레이션(급팽창)이라고 한다. 우주의 역사상 가장 높은 비율로 팽창한 이때, 최초의 별과 은하가 탄생했다(우리 지구인들에게 정말 감사한 일이 아닐 수 없다). 인플레이션이 일어나기 전, 아주 적은 수의 일반물질과 암흑물질 입자들이 중력 아래서 서로 뭉쳐져서 우주 여기저기에 입자들이 조금 더 많이 모여 있는 곳과 조금 덜 모여 있는 곳이 생겼다. 그리고 인플레이션이 시작되자 입자들이 비교적 많이 밀집한 지역과 적게 밀집한 지역이 우주 전체에 골고루 퍼졌다. 이것이 우리가 어느 방향에서 우주를 봐도 비슷해 보이는 주요 이유 중 하나다.

이후 우주는 양성자와 중성자가 형성될 수 있을 만큼 온도가 낮아졌으며, 빅뱅이 일어난 지 약 38만 년이 지나고 나서야 전자궤도를 만들어 수소와 헬륨 원자를 형성할 수 있을 정도로 크기가 커졌다. 입자들이 비교적 많이 밀집된 곳에서는 수소나 헬륨과 같은 원소들이 많이 생성됐고, 비교적 적게 밀집된 지역에서는 적게 만들어졌다. 이렇게 새로 형성된 거대한 수소 가스 구름의 온도가 낮아지고 중력에 의해 입자들이 서로 부딪히면서 첫 번째 항성이 태어났다. 천문학계에서는 이 첫 항성이 생기기까지 최대 1억 5,000만 년이 걸렸을 것으로 추산하고 있다. 입자가 고도로 밀집한 곳이 있다는 것은 우주 안에 항성들이 특히 더 많이 탄생하는 특정한 지역들이 있다는 뜻이다. 이들이 중력에 의해 어느 한 지점에 모이면서 은하가 처음으로 만들어졌을 것이다.

그렇다면 초대질량 블랙홀은 어떻게 갓 형성된 은하의 중심에 놓일 수 있었을까? 일단, 거대 항성 하나가 초신성이 될 때까지 기다려보자. 이 항성은 태양보다 100배는 더 무거워야 한다. 그래야 에너지를 모두 쓰고 폭발해서 온갖 물질들을 우주로 내던지고, 남아 있는 핵이 강력한 자체 중력으로 붕괴되고 나서도 태양보다 10배 무거운 질량을 가진 블랙홀이 될 수 있기 때문이다. 이렇게 만들어진 블랙홀은 초신성 폭발 때 떨어져 나간 물질들을 다시 끌어당겨서 몸집을 더 키우게 된다. 혹은 좀 더 작은 항성 2개가 초신성으로 변했다고 해보자. 이 초신성들은 블랙홀이 될 만큼 중력이 크지 않다. 이런 경우 두 초신성들은 중성자별이 되며, 내부는 중성자들이 극도로 빼곡히 나열된 격자 구조로 구성되어 밀도가 굉장히 높아진다. 이러한 중성자별 2개가 서로 병합하면 블랙홀이 되는 것이다. 다시 한번 말하지만, 이렇게 블랙홀이 만들어지기 위해서는 먼저 항성이 태어나서 일생을 살다가 수명을 다해 죽어야 한다. 뿐만 아니라 이 항성이 태양보다 10배 이상 무거워야 블랙홀을 형성할 수 있으며,✦ 그중에서도 태양의 100배 질량을 가진 항성들만이 초대질량 블랙홀이 될 수 있다.

어쩌면 여러분은 항성의 잔해들을 한꺼번에 전부 끌어와서 합치면 되지 않느냐고 생각할지 모르지만, 그런 일은 물리적으로 불가능하다. 블랙홀이 주변 물질을 끌어당겨 축적하는 비율은 아무리 높아도 에딩턴 한계Edington's limit(천체의 복사압력과 중력이 평형을 이룰 수 있는 최대 한계-옮긴이)를 넘어설 수 없다. 왜냐하면 블랙홀 주위를 나선형으로 회전하는 물질들이 서로 간의 마찰로 인해 가열되고 빛이 나기 시작하면 주변 압력이 높아지는데, 이때 방출되는 빛은 매우 높은 에너지이므로 다른 물질에 충격을 가하게 되고 이 강력한 충격파가 물질들을 블랙홀의 반대 방향으로 밀어내기 때문이다. 그래서 블랙홀이 너무 많은 물질을 끌어당길 수가 없는 것이다. 이 말은 최대한 높은 비율로 물질을 축적할 경우 한 블랙홀이 태양 질량의 8억 배만큼 커지

✦ 별의 질량은 무한정으로 무거워질 수 없다. 별로서 존재할 수 있는 질량의 최대치에는 한계가 있다는 뜻이다. 별은 내부에서 발생하는 팽창 압력으로 별 자체를 붕괴시키려 하는 중력에 대항해 버틸 수 있다. 그래서 별이 더 무겁다면, 그만큼 더 강한 중력에 대항해 별이 붕괴되지 않도록 내부에서 더 빠르게 연료를 태우면서 강한 팽창 압력으로 버텨야 한다. 이렇듯 별 자체에 질량의 상한이 있다면, 그 별이 죽어서 만들어지는 블랙홀에도 질량의 상한이 존재한다.

블랙홀이 만들어지기 위해서는
먼저 항성이 태어나서 일생을 살다가
수명을 다해 죽어야 한다.
뿐만 아니라 이 항성이 태양보다
10배 이상 무거워야 블랙홀을 형성할 수 있으며,
그중에서도 태양의 100배 질량을 가진
항성들만이 초대질량 블랙홀이 될 수 있다.

려면 8억 년의 시간이 필요하다는 것을 의미한다. 이 숫자는 지금까지 우리가 관측한 것 중 가장 거대한 블랙홀의 질량값이며, 우리는 이 블랙홀을 통해 빅뱅이 발생하고 8억 년 후에 방출된 빛도 발견했다.

그런데 이 초대질량 블랙홀이 초신성 형성 후 가능한 한 오랫동안 최대 비율로 물질을 축적해서 생긴 것이라고 말하기엔 이상한 점이 있다. 빅뱅 이후 항성이 형성될 수 있을 정도로 우주가 차가워지는 데 1억 5,000만 년이라는 시간이 걸렸다. 또한 항성이 초신성이 되고 자체 연료를 소진해서 수명이 다하기까지는 약 1,000만 년의 시간이 더 필요하다. 즉, 우리가 발견한 초대질량 블랙홀이 만들어지는 데 8억 년이 아니라 6억 4,000년이 걸렸다는 뜻이다. 게다가 이 블랙홀이 생성된 이후로 쉼 없이 최대 축적 비율로 몸집을 키웠다는 것인데, 그러기는 거의 불가능하다. 블랙홀이 더 많은 물질을 끌어당길수록 물질들의 온도가 더 높아지고 물질을 바깥으로 밀어내는 압력 또한 강해지기 때문이다. 그러니 계속해서 최대 비율로 물질을 끌어당기는 일은 블랙홀이 스스로 자기 무덤을 파는 행위라고 할 수 있다. 따라서 우리는 블랙홀이 주변 가스의 열이 식고 다시 활동하기에 좋은 시기가 생길 때마다 산발적으로 물질을 축적할 것이라는 결론을 내리게 된다.

그런가 하면 블랙홀이 다른 블랙홀과 만나 거대해져 초대질량 블랙홀이 만들어지는 방법도 생각해볼 수 있다. 앞서 이야기했듯 우리은하 내에 있는 블랙홀들이 서로 병합하는 과정에서 방출된 중력파가 관측된 적이 있기 때문에 이는 분명 가능한 일이다. 블랙홀은 자신과 똑같은 질량을 가진 블랙홀하고만 병합한다는 것을 고려하면 초대질량 블랙홀의 형성을 위해 얼마나 큰 블랙홀이 필요한지 예측할 수 있다. 다른 블랙홀과 합쳐질 때마다 정확히 두 배의 질량을 지닌 블랙홀이 형성될 것이다. 그런데 초대질량 블랙홀 수준으로 질량이 커지기 위해서는 단시간 내에 엄청나게 많은 블랙홀들이 병합해야만 한다. 만일 우주상에 그토록 많은 블랙홀들이 한꺼번에 던져진다면 이 블랙홀들은 서로를 중심으로 빠르게 회전할 것이다. 그러다 서로의 궤도를 방해해서 일부 블랙홀들이 먼 우주로 던져질 것이고, 이렇게 튕겨져 나간 블랙홀들과는 절대 병합할 수 없게 된다. 병합의 과정에서 블랙홀들끼리 너무 빠른 속도로 맴돌면서 온갖 복잡한 중력 효과가 일어나는데, 이 중력은 블랙홀이 물질들을 끌어당겨 축적하지 못하게 방해한다. 결과적으로 축적과 병합이 동시에 일어나 초대질량 블랙홀이 생성될 가능성이 사라져버리고 만다. 그렇다면, 도대체 초대질량 블랙홀은 어떻게 초기 우주에서 그렇게 빠르고 거대하게 성장할 수 있었던 걸까? 천체물리학자들에게 이 질문은 아직도 매우 곤혹스러운 숙제로 남아 있다.

모두가 동의하지는 않지만 그래도 가능성 있는 가설이 하나 더 있다. 초기 우주의 거대한 수소 가스 구름 속 물질들이 항성 생성 단계를 거치지 않고 직접 붕괴하여 태양보다 1만 배 더 무거운 블랙홀들이 생성됐다는 '직접 붕괴 블랙홀direct collapse black hole' 이론이다. 초기 우주의 어느 공간에 커다란 수소 가스 구름 2개가 나란히 있다고 상상해보자. 그리고 그중 하나의 온도가 낮아지면서 중력으로 인한 내부 붕괴가 일어나 옆에 있는 구름보다 먼저 항성이 됐다고 가정해보자. 이 항성이 방출하는 에너지와 빛은 옆에 있는 수소 가스 구름에 열을 발생시켜서 이 구름이 차가워지는 것을 막아 항성을 형성하지 못하게 만든다. 하지만 이 공간은 우주 안에서도 입자 밀도가 높은 곳이라 다른 곳에 있던 많은 가스와 암흑물질이 구름 쪽으로 끌려올 것이며, 때문에 구름은 더 무거워질 것이다. 구름이 계속 무거워지는데도 그 온도가 내려가지 않으니 구름 속에 있는 입자들은 서로 충돌하여 항성을 만들 만큼 한곳에 오랫동안 머물지 못한다. 결국 구름 속에 일반물질과 암흑물질이 굉장히 많아지고, 중력으로 인해 이 물질들이 내부 충돌을 일으켜서 블랙홀을 형성하게 된다.

그러면 이 블랙홀은 훗날 항성이 형성되고 궤도를 가지며 언젠가 은하를 이루게 될 이 고밀도의 우주 공간에서 질량이 가장 무거운 천체가 된다. 이러한 시나리오대로라면 은하가 생긴 후 블랙홀이 그 중심으로 빨려 들어간 것이 아니라, 블랙홀이 먼저 형성되어 나중에 은하가 생성되면 중심이 될 자리에 위치하고 있었던 것이 된다. 닭과 달걀 문제에 대한 진화론적 답변과 비슷하게도 아직 은하가 되지 않은 2개의 천체에 의해 블랙홀이 먼저 탄생한 것이다.

연구원들은 슈퍼컴퓨터로 재현한 초기 우주에 이 가설을 적용해 시뮬레이션한 결과가 현재 확인할 수 있는 가장 멀리 있는 은하와 그 속에서 커져가고 있는 초대질량 블랙홀에 관한 관측 결과와 잘 맞아떨어진다는 것을 알아냈다. 그래서 이 가설이 옳다고 생각하는 이론가들도 있지만, 나는 관측천문학자다. 그래서 이 가설대로 블랙홀이 형성되는 모습을 직접 관측할 수 있는지가 궁금했다. 다행히 일부 천문학자들이 그 모습을 보여줄 만한 꽤 좋은 후보를 제안했다. 그것은 허블 우주망원경이 포착한 천체 CR7 COSMOS Redshift 7으로, 지구에서 2,150억 광년 떨어져 있는 것으로 추정된다. 이는 우주가 생긴 지 겨우 8억 년밖에 되지 않았을 때 이 천체에서 빛이 방출됐다는 뜻이다. CR7에 들어 있는 원소 성분을 파악하기 위해 프리즘으로 이 빛의 스펙트럼을 확인했더니, 수소 원자에서 나오는 고에너지는 다량 포함되어 있었지만 이 천체가 항성이라는 특징은 찾기 어려웠다. 게다가 수소 원자가 방출한 빛의 스펙트럼이 적색 쪽으로 치우쳐져 있었다. 이것은 CR7이 내부에 있는 어떤 무거운 것을 중심으로 회전할 가능성을 제시한다. 이 모든 데이터를 종합해봤을 때, 어쩌면 CR7은 아직 항성을 형성하지 않았지만 초대질량 블랙홀로 성장 중인 천체일지도 모른다.

이런 천체들을 더 많이 찾아내는 것이 무척 중요하

지만 쉬운 일은 아니다. 천체들이 지구에서 멀리 떨어져 있을수록 초대질량 블랙홀의 활동과 별의 형성을 추적하는 데 사용하는 수소 스펙트럼이 점점 빨간색 쪽으로 이동하다가 급기야 우리 눈으로 볼 수 있는 가시 영역을 벗어나버리기 때문이다. 다시 말해, 지금까지 우리는 오직 허블 우주망원경으로 관측할 수 있는 천체만 발견할 수 있었다. 그러나 나사와 유럽우주국ESA, European Space Agency, 캐나다우주청CSA, Canadian Space Agency의 협업 아래 차세대 우주망원경인 제임스웹 우주망원경이 2021년 10월경 우주에 띄워질 예정이다. 제임스웹 우주망원경은 우주 속 적외선을 관측하는 망원경으로, 가시광선 영역을 지나 적외선 영역에 이르는 파장을 가진 빛을 포착하여 더욱 멀리 있는 천체들도 확인이 가능하다. 그래서 제임스웹 우주망원경은 그 자체만으로 상당한 관심을 받고 있다. 오랜 시간 많은 사람들이 궁금해했던 '은하가 먼저냐, 블랙홀이 먼저냐'의 문제를 해결할 수 있을지도 모른다는 기대도 함께 말이다.

열 번째 지식

우리가 아는 것보다
모르는 것이 더 많다

✦

아는 것과 모르는 것을 정리해보는 잘 알려진 방법이 하나 있다. 먼저 무엇을 알고 있는지 따져보는 것이다. 우리는 지구가 둥글고, 다른 별을 공전하는 외계행성이 있으며, 우주가 팽창한다는 사실을 알고 있다. 다음으로 우리가 무엇을 모르고 있는지 따져본다. 우리는 암흑물질이 무엇으로 만들어졌는지, 블랙홀 내부에 어떤 것이 있는지, 직접 붕괴 블랙홀 가설이 정말 가능한지 아직 모른다.

그다음에는 우리가 모른다는 사실조차 모르는 것들에 관해 생각해본다. 마리 퀴리가 우라늄 실험을 하다가 방사능 원소들을 발견한 것이나, 벤저민 프랭클린이 번개를 통해 전기를 발견한 것처럼 다 밝혀지고 난 후에야 알게 되는 경우가 있다. 다행히 이렇게 모르는 사실조차 모르는 것들이 존재하더라도 우리가 살아가는 데는 지장이 없다. 물론 미래에 어떤 놀라운 발견으로 우리 인간의 관점이 다시 한번 뒤집힐지 기대되긴 하지만 말이다.

네 번째는 내가 가장 좋아하는 단계로, 알고 있으면서 아는 줄도 모르는 것들을 생각해보는 것이다. 나는 이 항목에 완전히 매혹당했다. 이미 충분한 지식을 가지고 있거나 이해할 준비가 되어 있음에도 우리가 아직 모르는 것들로는 무엇이 있을까? 예를 들어 은하가 우리은하 바깥에 있는 별들의 무리라는 사실을 알게 되기 전인 1771년, 샤를 메시에라는 프랑스 청년이 밤하늘을 올려다보며 별은 아니지만 흐릿하게 빛나는 것들을 찾아 기록하기 시작했다. 굉장히 세세하게 작성된 그의 목록 중 58번 천체, 메시에 58M58, Messier 58이 지구에서 6,200만 광년 떨어진 곳에 있는 은하라는 사실은 나중에야 밝혀졌다. 이 은하는 당시에 우주에서 관측된 천체들 가운데 가장 먼 곳에 있는 천체였으나, 정작 메시에는 이 엄청난 사실을 알지 못했던 것이다.

알고 있는데도 몰랐던 또 하나의 흥미로운 예로 스티브STEVE, Strong Thermal Emission Velocity Enhancement(강한 열방출 속도증강)가 있다. 간단한 클릭 한 번으로 인간의 모든 지식을 알아낼 수 있는 현대사회를 살아가는 우리에게 스티브는 크나큰 교훈을 준다. 열정 넘치는 아마추어 천문 단체 '앨버타 오로라 체이서즈Alberta Aurora Chasers'는 2015년과 2016년에 캐나다 극지방의 북쪽 하늘에서 이전에는 본 적이 없는 신비롭고 다양한 색채를 지닌 오로라를 촬영했다. 흰빛과 자줏빛이 어우러진 리본 같은 얇은 띠가 동쪽부터 서쪽으로 하늘을 가로지르며 기다랗게 이어져 있었다. 녹색과 분홍색이 섞여 커튼처럼 출렁거리는 보통의 오로라와는 확실히 달랐다. 일반적인 오로라는 태양풍에 들어 있던 고에너지 전자가 지구 자기장에 의해 극지방으로 떠밀려간 후, 그곳에서 대기층의 원소들과 에너지를 교환하는 과정에서 빛이 방출되며 나타나는 현상이다. 앨버타 오로라 체이서즈는 이 새로운 색과 형태의 오로라가 일반 오로라와 다른 종류라고 확신했고, 태양풍 속의 전자가 아닌 양성자가 지구에 들어오면서 나타난 현상이라고 판단했다. 그래서 처음에는 이를 '프로톤 아크proton arc(양성자 포물선)'라고 불렀다.

이후에 이 아마추어 천문가들은 오로라 학회에서 만난 캐나다의 천문학자 에릭 도노반에게 프로톤 아크의 사진을 보여주었다. 도노반은 20년 동안 오로라를 연구해온 전문가였지만, 이런 모양의 오로라는 그조차도 처음 보는 것이었다. 그는 사진을 보자마자 이것은 프로톤 아크가 아니라고 말했다. 양성자는 우리 눈으로 볼 수 있는 빛을 방출하지 않기 때문이었다. 그래서 앨버타 오로라 체이서즈는 이 빛의 현상에 '스티브Steve'라는 새로운 이름을 붙였다. 드림웍스 스튜디오의 애니메이션 〈헷지Over The Hedge〉에서 등장인물들이 무섭거나 정체를 알 수 없는 대상을 '스티브'라고 부르는 데서 따온 것이었다.

곧이어 과학자들이 스티브에 대한 연구를 진행했고, 이 현상이 희귀한 일은 아니며 일반 오로라가 발생하는 극지방에 가까운 고위도 지역보다 조금 위도가 낮은 곳에서 종종 볼 수 있다는 것을 밝혀냈다. 문제는 스티브를 관측하려면 이 현상이 나타났을 때 전천 카메라all-sky camera 두 대로 캐나다 하늘을 촬영하는 수밖에 없다는 것이다. 위성 데이터로 스티브를 연구할 수 있는 기회가 없었기 때문이다. 여전히 우리는 스티브가 무엇이고 왜 이런 현상이 하늘에 나타나는지를 완전히 이해하지 못한다. 그러나 전 세계의 아마추어 과학자들이 스티브를 발견할 때마다 데이터를 보완해줄 것이라는 희망 속에서 연구를 계속하고 있다.✦

이 이야기는 이 세상 누구든 과학적 발견을 이룰 수 있다는 사실을 보여주는 동시에, 우리가 알아야 할 것은 다 알고 있다고 생각해선 안 된다는 교훈을 깨우쳐준다. 그래서 난 이 이야기를 좋아한다. 처음 스티브를 포착했을 때 앨버타 오로라 체이서즈의 아마추어 천문가들은 그것이 이미 밝혀진 현상일 것이라고 여겼다. 아마 여러분이 그 현상을 목격했다고 해도 마찬가지였을 것이다. 누구나 이런 함정에 빠질 수 있다. 모르는 게 없는 21세기이니 인터넷의 바다 어딘가에는 관련 정보가 있을 것이라 지레짐작하고는 넘어가기 쉽다. 그러나 세상에는 언제나 모르는 것이 존재하고, 교실 밖에서의 배움은 절대로 끝나지 않는다.

알면서도 모르고 있었던 것에 관한 또 하나의 대표적인 사례로 '한니의 물체Hanny's Voorwerp'가 있다. 이 역시 스티브처럼 전문가가 아닌 아마추어 과학자에 의해 알려진

✦ 나사는 세계 각지의 일반인들을 대상으로 스티브와 오로라의 관측 사례를 모으는 '오로라사우르스Aurorasaurus' 프로젝트를 진행 중이다. 프로젝트 웹사이트(aurorasaurus.org)에서 누구나 그 현황을 확인할 수 있다.

과학적 발견이었다. 지난 2007년, 천문학자들은 '갤럭시 주 Galaxy Zoo(은하 동물원)'라는 이름의 웹사이트를 열어 대중들에게 수백만 장이 넘는 은하 사진을 모양별로 분류하는 데 도움을 달라고 요청했다. 그러자 전 세계에서 30만 명이 넘는 사람들이 분류 작업에 참여해 굉장히 성공적인 결과를 거두었다.✦ 이 웹사이트를 만들기 전에는 천문학자들이 시간이 없다는 이유로 그 많은 은하 사진들을 각자의 컴퓨터 하드디스크에 묻어두기만 했다. 그렇다 보니 갤럭시 주에 접속한 사람들은 누구나 아직 아무도 보지 못한 어떤 은하를 최초로 목격하는 행운의 주인공이 될 가능성이 있었다(이것이 빅데이터가 가진 위험성이다. 빅데이터는 오늘날 대부분의 과학 분야에서 사용하는 개념이지만, 그 안에서 좋은 정보를 찾아내기란 모래사장에서 바늘을 찾는 것과 같다).

갤럭시 주의 분류 작업에 참여했던 지원자들 중에 한니 반 아르켈이라는 네덜란드 교사가 있었다. 그녀는 은

✦ 갤럭시 주 웹사이트(galaxyzoo.org)는 지금도 운영 중이다. 천문학자들은 하늘과 우주를 쉼 없이 촬영하고 있고, 그 결과물을 분류하는 데 늘 도움의 손길 필요하다.

하의 형태를 분류하는 작업을 하다가 한 사진에 찍힌 은하의 아랫부분에 흐릿한 파란색 얼룩이 있는 것을 발견했다. 이 얼룩의 정체가 너무나 궁금했던 아르켈은 웹사이트 게시판에 사진을 올리고 이것이 무엇인지 물었다. 이를 본 천문학자들은 당황했다. 그들이 한 번도 보지 못한 형체였기 때문이다. 그것이 정말 우주 속의 천체인지, 아니면 사진이 촬영되던 중에 무언가가 잘못 찍힌 것인지도 알 수 없었다. 만일 진짜 천체라고 해도 우리은하의 바로 앞에 있는 것인지, 함께 찍힌 은하의 주변에 있는 것인지, 혹은 그 은하의 뒤편에 있는 것인지 파악해야 했다.

천문학자들은 우선 그 얼룩이 천체가 맞는지 연구에 들어갔고 진짜 천체라는 것이 밝혀졌다. 그다음에는 그 얼룩과 은하에서 오는 빛의 스펙트럼을 이용해 거리를 추정했는데, 두 천체 모두 같은 적색편이redshift(가시광선 포함한 전자기파의 파장이 길어지는 현상으로, 그 스펙트럼선이 붉은색 쪽으로 치우쳐 나타난다)를 보였다. 이를 통해 은하와 얼룩이 같은 지점에 있음을 알 수 있었다. 또한 허블 우주망원경으로 얼룩을 찍은 사진을 분석한 결과, 이 얼룩이 산소 원자를 다량 보유하고 있으며 복잡한 구조를 가진 가스 구름이라는 사실이 드러났다. 이 다량의 산소 때문에 사진 속 얼룩이 푸른빛을 띠었다는 것도 확인됐다. 복잡한 구조를 지닌 빛나는 가스 구름이 먼 우주의 어떤 은하 밖에서 발견됐다는 것은 정말 희한한 일이었다. 특히 산소 원자가 빛을 발하게 하려면 엄청난 에너지가 소요되기 때문에 산소로 빛을 내는 가스 구름은 더욱 독특한 존재였다.

결국 천문학자들은 사진 속의 은하가 저보다 크기가 훨씬 작은 동료 은하를 데리고 있는 것이라고 추론했다. 푸른 얼룩이 큰 은하 주변을 돌고 있는 작은 은하일 것이라고 말이다. 작은 은하가 큰 은하의 옆을 빠르게 스쳐 지나가는 과정에서 큰 은하의 중력에 붙잡히게 되고, 두 은하 간 상호 중력으로 인해 작은 은하가 꼬리처럼 달고 있던 가스 덩어리가 벗겨졌을 것이다. 이때 큰 은하 역시 그 중력의 영향을 받아 은하의 내부가 붕괴되고 중심에 있던 초대질량 블랙홀에 온갖 물질들을 빼앗긴다. 몸집을 불린 블랙홀은 더욱 탐욕스러워지고, 그 주위에 생긴 제트로 인해 주변 물질들이 거의 빛과 같은 속도로 은하 밖으로 내던져진다. 이 제트는 작은 은하에서 떨어져 나온 가스에도 영향을 끼쳐 그 안에 있던 산소 원자를 빛나게 만든다. 하지만 이 천체가 촬영된 시점에는 초대질량 블랙홀이 활발한 성장을 멈춘 상태였기 때문에, 은하의 중심에 있었던 블랙홀의 모습은 포착되지 못했을 것이다. 천문학계에서는 이를 퀘이사 섬광 이온화 메아리quasar light ionisation echoes라고 부른다.✦ 활발하게 활동했다가 사라진 초대질량 블랙홀이 메아리처럼 흔적을 남겼기 때문이다.

정말 대단한 사실은, 갤럭시 주를 통해 아마추어 과학자들이 푸른빛 얼룩을 가진 은하 사진을 찾는 것에 동참하자마자 100만 장에 이르는 사진들 사이에서 40장이 넘는 얼룩 사진을 찾아낸 것이다. 덕분에 과학자들은 계속해서 살펴보고 연구할 수 있는 자료들을 넉넉히 얻을 수 있었다. 이 사진들은 한니 반 아르켈이라는 한 사람의 호기심이 없었다면 세상에 드러나지 못했을지도 모른다. 그녀가 이 천체의 사진과 함께 질문을 올린 이후 사람들은 이 천체를 '한니의 물체'라고 부르기 시작했다. 그래서 현재 천문학

✦ 퀘이사 섬광 이온화 메아리는 우주상에서 빛이 나아가다 성간물질에 부딪혀 다른 방향으로 반사되는 '빛의 메아리' 현상의 일종이다. 여기서 퀘이사는 블랙홀이 주변 물질을 집어삼키는 과정에서 발생하는 에너지에 의해 형성되는 거대 발광체로, 우주에서 가장 밝은 천체 중의 하나다.

학회지에서도 퀘이사 섬광 이온화 메아리를 가리킬 때 흔히 '보르베르프Voorwerp'라고 부르곤 한다. 보르베르프는 '물체'라는 뜻의 네덜란드어다.

한니가 이상한 천체를 보고 처음으로 질문을 던졌을 때, 그녀는 그 질문이 어떤 결과를 가져올지 전혀 알지 못했다. 이러한 연구 방식을 '블루스카이 연구blue sky research'라고 한다. 이는 뚜렷한 목적이 있는 연구, 가령 어떤 질병의 치료제를 개발하거나 어떤 문제의 해결책을 찾기 위한 연구가 아닌 연구 자체를 위한 연구를 가리킨다.

사람들이 '천문학자들이 우리를 위해 하는 일이 대체 뭐야?' 또는 '우주에서의 우리의 위치를 아는 게 인류에게 어떤 도움을 준다는 거지?'와 같은 불평 섞인 의문을 제기할 때 우리 천문학자들은 블루스카이 연구로 천문학 연구의 정당성을 보여주곤 한다. 개인적으로는 호기심을 채워준다는 것만으로도 이 질문들에 충분한 답변이 될 수 있다고 생각한다. 나아가 천문학 연구는 종종 인간의 지식이나 기술을 급격히 성장시켜준다. 희미하거나 멀리 있는 천체를 자세히 보기 위해 개발된 촬영 기술과 카메라는 의료

계에서 질병을 진단하는 의료 영상 기기에 활용되고 있다. 이제 우리 주머니 속 스마트폰의 핵심 부품이 된 디지털 디텍터 역시 천체의 밝기를 더욱 정밀하게 관측하기 위해 천체망원경의 사진 건판 교체용으로 개발됐던 것이었다. 그뿐 아니라 전파천문학자들이 데이터 전송 용량을 높이기 위해 만들어낸 와이파이 신호의 발전과 활성화로 인해 오늘날 우리가 스마트폰을 더욱 편리하게 사용할 수 있게 됐다. 사람들에게 이러한 기술들이 없으면 어떨지 묻는다면 대부분은 생활하기가 곤란해질 것이라 답할 것이다.

여러분 중 누군가에게는 이 책에서 다룬 주제들이 일상생활과는 상관없는 딴 세상 이야기처럼 느껴질지도 모르지만, 우주를 향해 질문을 던지고 그 답을 찾기 위해 노력하는 것은 우리 지구인들의 삶을 생각보다 훨씬 풍요롭게 해준다. 우리가 모든 것을 다 알고 있다고 생각하며 우주를 이해하려는 노력을 중단한다면 그것은 아주 오만한 실수나 다름없다. 세상에는 여전히 우리가 아는 것보다 모르는 것이 많다. 이를 다른 관점에서 보자면, 우리 지구인들이 우주에 관해 더 많이 알아내고 이해할 수 있는 특권을 가졌음을 의미한다.

세상에는 여전히 우리가
아는 것보다 모르는 것이 많다.
이를 다른 관점에서 보자면,
우리 지구인들이 우주에 관해
더 많이 알아내고 이해할 수 있는
특권을 가졌음을 의미한다.

어린 시절 우리는 모두 천성적인 호기심을 가지고 있었다. 하지만 어른이 되면서 그 호기심을 잃어버린 것 같다. 바쁘고 빠르게 흘러가는 21세기를 살아가는 우리가 잠시 멈춰 서서 밤하늘을 올려다보고 우리가 아직 모르는 것들에 대해 생각할 시간을 갖는다면, 마음속에 숨어 있던 어린아이 같은 호기심이 다시 자라날지도 모른다. 호기심이야말로 모든 과학을 움직이게 만드는 진정한 원동력이다. 호기심이 없었다면, 우주의 위대하고도 복잡하고 신비로운 비밀을 우리는 조금도 밝혀내지 못했을 것이다.

감사의 말

2년 전만 해도 나는 '앞으로 10억 년 이내에 내가 책을 쓸 일은 결코 없을 거야!'라고 단호하게 말하곤 했다. 사람들이 어떻게 책 한 권을 다 쓰는 동안 가만히 앉아서 견딜 수 있는지 도무지 이해할 수 없었기 때문이다.

이러한 마음의 장벽이 세워지는 데에는 고등학교 시절 내 작문 실력이 별로라고 했던 영어 선생님의 의견도 한몫했지만, 내가 말하는 대로 적는 습관을 가진 탓이 더 컸다. 그런데 요즘 인기 많은 과학책들 중에는 이렇게 말하듯이 쓰인 것이 많다는 사실을 알게 됐다. 게다가 나는 책을 쓸 때 내 글이 멋지게 보이도록 도와주는 편집자들이 있는 줄도 몰랐다. 그래서 오리온 출판사의 에밀리와 앤, 제니퍼에게 감사의 말을 전하고 싶다. 그들은 내가 토해내는 과학 용어들을 간결하고도 품격 있게 바꿔주었으며, 원고 여기저기에 흩뿌려져 있었던 수많은 'just'들을 처리해주었다.

이 책 속에 들어 있는 모든 정보는 내가 지난 수년간 정말 훌륭하고 대단한 사람들로부터 배우며 얻어낸 것들이다. 먼저, 나의 논문 지도교수인 크리스와 나에게 과학이란 오로지 올바른 질문을 던지는 것이며 관측이 책상 속에 매장당해서는 안 된다고 가르쳐준 박사후과정 동료 브룩에게 감사를 전한다. 실수란 배움의 한 방식임을 일깨워준 석사 지도교수 러셀과 학창 시절에 만났던 모든 선생님들, 특히 수학과 물리의 토대를 알려준 미스터 카일과 미세스 매컨, 미스터 웨스트 선생님에게 감사한다. 그리고 호기심 많은(사실은 귀찮았을) 어린 나를 수업에 받아주고, 질문을 쏟아내는 입을 막지 않고 호기심을 키워준 미세스 딘 선생님에게도 감사의 인사를 보낸다. 앞으로 내가 무슨 일을 하는지 여러분이 지켜봐주길 바란다. 모두 여러분의 어깨 위에서 해낸 것일 테니 말이다.

내가 남들과 다르게 생각하고, 신중하게 행동하고, 원대한 꿈을 꿀 수 있도록 이끌어준 부모님과 언니에게 진심 어린 감사를 전한다.

마지막으로, 언제나 내게 웃음을 주는 샘에게 감사와 신의의 마음을 보낸다.

모험을 꿈꾸는 유쾌한 지구인들을 위하여
우주를 정복하는 딱 10가지 지식

초판 1쇄 발행 2021년 5월 17일

지은이 베키 스메서스트
옮긴이 송근아
감수 지웅배
펴낸이 성의현
펴낸곳 (주)미래의창

편집주간 김성옥
책임편집 김윤하
디자인 공미향

출판 신고 2019년 10월 28일 제2019-000291호
주소 서울시 마포구 잔다리로 62-1 미래의창빌딩(서교동 376-15, 5층)
전화 070-8693-1719 **팩스** 0507-1301-1585
이메일 mbookjoa@naver.com
ISBN 979-11-91464-13-9 03440

※ 책값은 뒤표지에 있습니다. 잘못된 책은 바꿔 드립니다.